임베디드 시스템

- 비글본 블랙을 만나다 -

손석원 지음

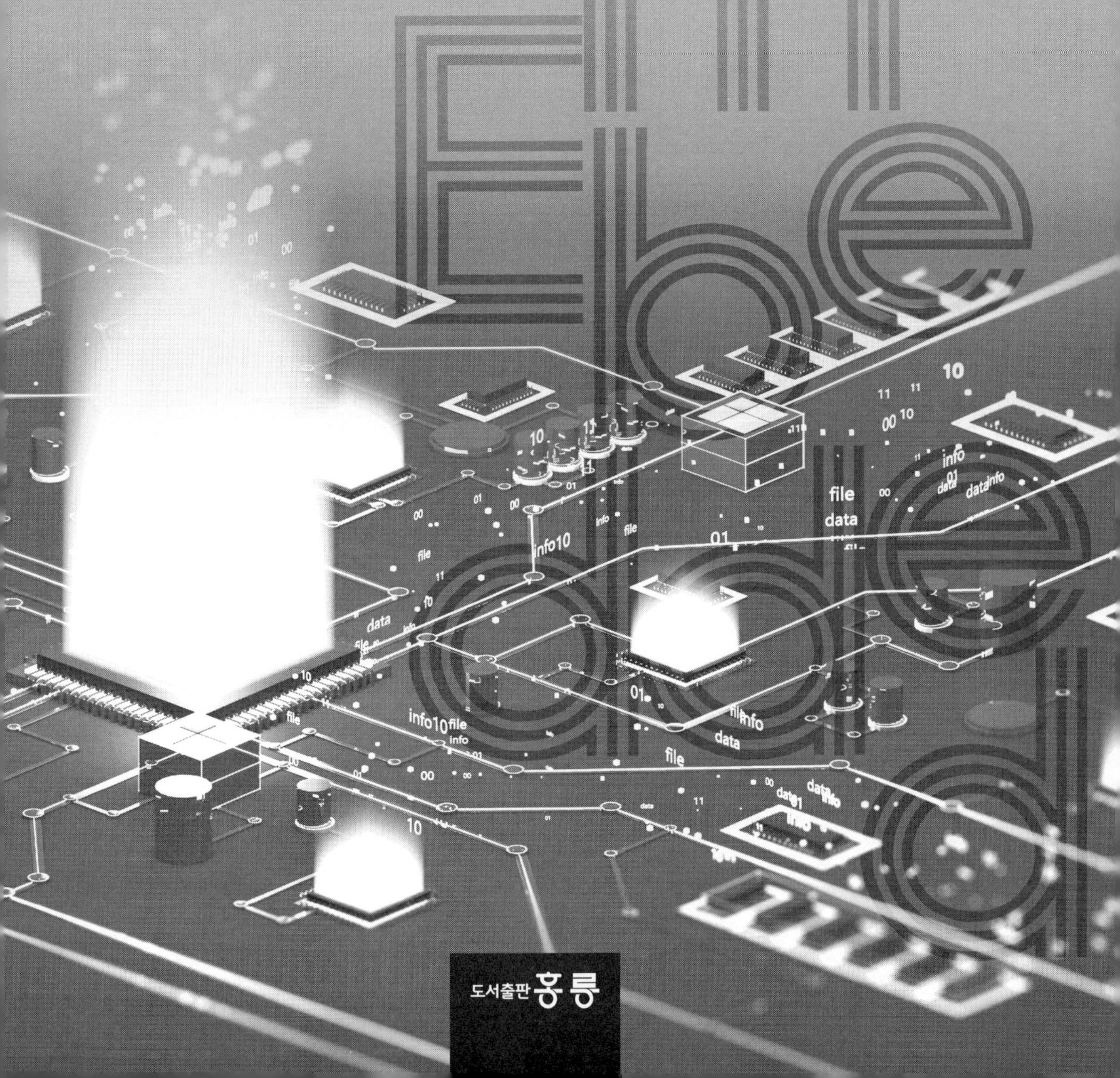

도서출판 홍릉

머리말

오늘날 현대사회에서 빠르게 발전하고 있는 분야 중 하나는 사물 인터넷(Internet of Things)이다. 사물 인터넷은 임베디드 시스템 기반 위에서 입출력 센서/액추에이터 인터페이스로 이해될 수 있다. 또한 임베디드 시스템은 리눅스 운영체제의 이해를 필요로 하고, 입출력 센서 인터페이스는 전자공학의 기초지식을 요구한다. 따라서 현대의 임베디드 시스템 개발은 항상 사물 인터넷을 염두에 두고 개발하는 것이 향후의 기능 확장성에서 유리하다.

이 책은 독립된 임베디드 시스템이 아닌 사물 인터넷과 클라이언트/서버에서의 하나의 구성 요소로서의 임베디드 시스템 이해에 그 주안점을 두었다. 따라서 임베디드 시스템 개발 자체는 물론 디지털 및 아날로그 I/O 인터페이스와 웹 인터페이스, 그리고 안드로이드 플랫폼에 이르기까지 그 내용을 넓게 하였다. 주 독자는 컴퓨터 공학과 3학년 학생에게 맞도록 책 내용을 기술하였다.

이 책은 임베디드 시스템 개발환경에 있어서 우분투 리눅스를 이용한다. 그리고 타겟 플랫폼으로서 오픈소스 하드웨어인 비글본블랙(Beaglebone Black) 보드를 채택한다. 타겟 보드에 데비안 및 우분투 리눅스 운영체제와 안드로이드 모바일 플랫폼을 소스코드 레벨에서 빌드한다. 타겟 보드의 입출력 인터페이스에 이용되는 센서/액추에이터는 온도 센서, 조도 센서, LED, 스위치 등 국내 인터넷 쇼핑몰에서 구하기 쉬운 전자부품을 최소로 이용하여 최대의 효과를 거두도록 노력하였다. 또한 빵판과 점퍼 선을 이용하여 납땜을 하지 않고도 실습할 수 있도록 하였다.

이 책의 학습방법은 각 장의 절을 이해하고 그 후에 9장의 실습노트를 이용하여 직접 실습하는 것이다. 책의 내용에 관해 궁금한 것은 카페(cafe.naver.com/esbbb)를 이용해 주기 바란다. 끝으로 이 책이 나올 수 있게 도와주신 홍릉과학출판사 관계자분들께 감사의 뜻을 전합니다.

차례

CHAPTER 1 임베디드 시스템 기초

1.1 임베디드 시스템의 정의와 개발환경 ··· 1
1.1.1 기초 용어(Basic Terminology) ··· 1
1.1.2 임베디드 시스템의 구성 ··· 2

1.2 비글본 블랙(BeagleBone Black) ··· 4
1.2.1 제조사 ··· 4
1.2.2 역사 ··· 4
1.2.3 BBB Rev. C의 사양(Specification) ··· 5

1.3 개발환경 ··· 6
1.3.1 USB 케이블 연결 ··· 7
1.3.2 시스템 셧다운(Shutdown) ··· 13

1.4 BBB에서의 네트워 설치 ··· 14
1.4.1 WiFi 연결 ··· 14
1.4.2 USB 케이블을 이용한 네트워 공유(Network Sharing) ··· 17

1.5 NBC(Node.js, BoneScript, Cloud9)와 Web server ··· 21
1.5.1 Node.js ··· 21
1.5.2 BoneScript ··· 21
1.5.3 Cloud9 Web IDE ··· 21
1.5.4 Web Server ··· 22

CHAPTER 2 BeagleBone Black의 LED 제어

2.1 sysfs를 이용한 BBB LED 제어 ······ 25

2.2 Script Programming ······ 29

2.2.1 Shell Script Programming ······ 30

2.2.2 JavaScript Programming ······ 32

2.3 C 언어 프로그래밍 ······ 34

CHAPTER 3 디지털 및 아날로그 액세스

3.1 BBB PIN Headers ······ 37

3.2 디지털 액세스(Digital Access) ······ 39

3.2.1 DigitalWrite ······ 39

3.2.2 DigitalRead ······ 42

3.3 아날로그 액세스(Analog Access) ······ 43

3.3.1 analogWrite ······ 43

3.3.2 analogRead ······ 45

CHAPTER 4 트랜스듀서(Transducer) 제어

4.1 트랜스듀서의 의미 ······ 49

4.2 전자부품 ······ 50

4.2.1 저항(Resistor) ······ 50

4.2.2 다이오드(Diode), 발광 다이오드(LED) ······ 52

4.2.3 빵판(Breadboard) ······ 53

4.3 전자회로 기초 ······ 54

4.4 digitalWrite와 digitalRead의 응용 ······ 55

4.4.1 digitalWrite() 메서드를 이용한 LED의 Blink ······ 56

4.4.2 digitalRead() 메서드를 이용한 스위치(SW) 읽기 ······ 59

4.5 analogWrite와 analogRead의 응용 ··· 61
4.5.1 analogWrite() 메서드를 이용한 LED 밝기 제어 ··· 61
4.5.2 analogWrite() 메서드를 이용한 스위치와 LED 제어(Dimmer) ··· 64
4.5.3 analogRead() 메서드 - 온도센서 ··· 68
4.5.4 analogRead() 메서드 - 조도센서 ··· 71

CHAPTER 5 웹 인터페이스

5.1 간단한 BBB 웹 서버 ··· 75
5.2 디지털 유저 인터페이스(Digital User Interface) ··· 77
5.2.1 digital Write를 위한 웹 인터페이스 ··· 77
5.2.2 digital Read를 위한 웹 인터페이스 ··· 83
5.3 아날로그 유저 인터페이스(Analog User Interface) ··· 87
5.3.1 analog Write ··· 87

CHAPTER 6 리눅스 운영체제 설치

6.1 우분투 리눅스 설치와 부팅(Nelson 이미지) ··· 93
6.1.1 시리얼 케이블과 통신 프로그램(minicom) ··· 93
6.1.2 Ubuntu 리눅스(Nelson 이미지) 설치 ··· 99
6.2 우분투 리눅스 개발환경 및 도구 ··· 100
6.2.1 git(fast version control system) ··· 101
6.2.2 ARM Cross Compiler ··· 108
6.2.3 microSD 메모리 카드 다루기 ··· 110
6.3 우분투 리눅스 소스코드 빌드 및 설치 ··· 123
6.3.1 Bootloader ··· 123
6.3.2 커널(Kernel) ··· 130

CHAPTER 7 커널 모듈 및 디바이스 드라이버

7.1 커널 모듈 ······ 147

7.2 디바이스 드라이버(Device Driver) ······ 150

CHAPTER 8 안드로이드 설치 및 빌드

8.1 안드로이드 설치 ······ 157

8.2 안드로이드 소스코드 빌드 ······ 159

8.3 BBB를 위한 안드로이드 프로젝트 ······ 161

8.3.1 Rowboat 프로젝트 ······ 161

8.3.2 TI 프로젝트 ······ 162

8.3.3 Henderson 프로젝트 ······ 162

8.3.4 Simmonds 프로젝트 ······ 163

8.3.5 Globaledge 프로젝트 ······ 167

부록 1 LED (BL-B5134) Datasheet ······ 169

부록 2 RGB LED(YSL-R596) Datasheet ······ 173

부록 3 온도 센서(TMP36) Datasheet ······ 177

부록 4 조도 센서(GL5528) Datasheet ······ 183

찾아보기 ······ 185

CHAPTER 1

임베디드 시스템 기초 (Embedded System Basics)

1.1 임베디드 시스템의 정의와 개발환경

1.1.1 기초 용어(Basic Terminology)

임베디드 시스템이 무엇인가를 알려면 우선 "임베디드 시스템"이란 용어가 의미하는 정확한 뜻을 살펴보아야 한다. 임베디드(Embedded)란 단어는 동사 embed의 과거분사로서 "끼워진" 또는 "내장된"이란 뜻이다. 즉, 임베디드 시스템이란 어떤 커다란 장치에 끼워진 특별한 컴퓨터 시스템(Embedded Computer System)을 말한다. 보통의 컴퓨터는 컴퓨터 자체가 주인공이 되지만 임베디드 시스템은 주인공이 아니라 보조적인 역할을 한다. 그러나 그 역할이 매우 중요한 연산과 제어기능을 담당하기 때문에 많은 경우에 주인공인 것처럼 보일 수 있다. 예를 들면, 스마트 폰, 무인 항공기(Drone 또는 UAV, Unmanned Aerial Vehicle), 무인 자동차 등이다. 이들 제품 안에는 의심의 여지없이 특별하고도 중요한 컴퓨터 시스템이 들어있다. 즉, 임베디드 시스템이 내장되어 있다. 이들 제품은 임베디드 시스템이 없이는 작동이 불가능하다. 그러나 이들 제품은 컴퓨터 시스템이라고 부르지는 않는다. 임베디드 시스템이 들어있는 장치들은 너무 많아서 오히려 없는 제품을 찾기가 더 빠를지도 모른다. 디지털 카메라, 게임기, 전자레인지(Microwave Oven), 세탁기, 냉장고, 스마트 TV, 로봇 청소기, 그 외 현재 사용하는 기존의 자동차 및 비행기 등 임베디드 시스템이 사용되는 장치들은 이루 헤아릴 수 없이 많다.

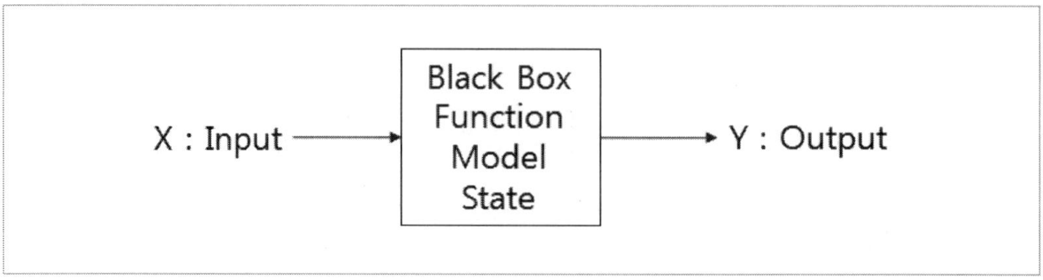

그림 1.1 시스템의 구성도

지금까지 "임베디드"란 용어에 대하여 알아보았다. 이제는 "시스템(System)"이란 무엇인가에 대하여 생각해보자. 시스템이란 용어는 경제 시스템(Economic system), 법 체계(Legal system), 바이오 시스템 등과 같이 사회 분야 및 일상생활에서도 많이 사용된다. 그러나 공학 분야로 국한해서 설명하자면 그림 1.1과 같이 중앙의 블랙박스가 입력신호를 받아서 처리한 다음에 출력신호를 내 보내는 장치로 설명할 수 있다.

이 블랙박스는 함수라 부르기도 하고 모델 또는 상태(State)라고 부르기도 한다. 입출력 장치, CPU 및 메모리 장치가 있는 것을 컴퓨터라고 정의하듯이 컴퓨터도 시스템의 일종이라고 말할 수 있다. 사람도 Bio System이라고 말 할 수 있다. 시스템은 다시 시간/메모리 개념이 포함되는가에 따라서 정적(Static) 시스템과 동적(Dynamic) 시스템으로 나뉠 수 있는데 동적 시스템은 시간 또는 메모리 개념이 포함된 시스템이다. 시스템은 신호의 종류에 따라서도 분류되는데 아날로그 신호를 처리하면 연속(Continuous) 시스템이라 하고 주로 미분 방정식을 사용하여 해석한다. 그러나 신호가 디지털이라면 이산(Discrete) 시스템이라고 부르며 이산 수학, 정수론 및 확률/통계에 기초한 이론을 근거로 문제를 해석하고 해결방법을 찾는다. 2진수를 사용하여 계산하는 컴퓨터는 대표적인 이산 시스템이라고 할 수 있다. 일반적으로 말해서 컴퓨터 공학을 제외한 공학에서는 미분 방정식을 중요한 수단으로 생각하지만 컴퓨터 공학에서는 이산 수학이 중요하게 취급된다.

1.1.2 임베디드 시스템의 구성

임베디드 시스템은 컴퓨터의 일종이므로 범용 컴퓨터와 마찬가지로 하드웨어와 소프트웨어로 이루어진다. 상용 제품에 들어가는 임베디드 시스템은 그 장치에 맞게 독자적으로 설계되며 개발되기 때문에 학생으로서 그 제품을 입수하여 배우고 개발하기에는 적당하지 않고 또 거의 불가능에 가까운 경우도 많다. 따라서 초기에 임베디드 시스템을 학습하는 데에는 범용 하드웨어 개발 플랫폼을 이용하는데 최근에는 저렴하고 성능이 우수한 개방형(Open source) 하드웨어 플랫폼을 사용한다. 그 예로서, BeagleBone Black(BBB, http://www.beagleboard.org), Raspberry Pi(RPi, http://www.raspberrypi.org), Arduino(http://www.arduino.cc) 등을 사용한다. 이러한 오픈 소스 하드웨어들은 제조사에서 회로도를 제공하므로 개발자가 일부 기능을 추가하거나 제거하여 설계된 하드웨어 임베디드 보드를 직접 제작할 수도 있다. 경우에 따라서는 어른이 아기를 업듯이 BBB 또는 RPi에 Arduino 보드를 피기백(Piggyback)시켜서 사용하기도 한다.

소프트웨어 측면에서 봤을 때, BBB와 RPi 보드는 Linux 운영체제를 실행하고 그 위에서 응용 프로그램을 동작시킨다. 반면에 Arduino 보드는 저가격의 소형크기를 지향하므로 운영체제 없이 Arduino MCU (Micro Controller Unit)가 직접 프로그램을 실행하여 센서를 인터페이스하고 모터 같은 액추에이터(Actuator)를 동작시킨다. Arduino, BBB 및 RPi는 모두 클라우드 플랫폼(Cloud platform)에 연결하는 끝단의 센서 디바이스로 인식된다. 이렇게 됨으로써 IoT(Internet of Things) 서비스를 제공하는 IoT 플랫폼의 구성요소로서 동작한다. 이것을 PaaS (Platform as a Service)라고 부른다. 과거의 임베디드 시스템 개발은 디바이스 드라이버와 사용자 인터페이스 프로그램 작성이 주를 이루었으나 IoT 플랫폼으로서의 임베디드 시스템은 입출력(IO) 인터페이스가 더 중요하게 되었다. 따라서 사용 언어도 기존의 C 언어로부터 JavaScript(nodejs)나 Python 같은 고급 언어(High level)를 사용하는 것으로 개발추세가 변하고 있다.

리눅스 운영체제의 사용자 인터페이스는 CLI(Command Line Interface, text shell)나 GUI(Graphic User Interface, graphical shell)를 사용한다. 본서에서는 하드웨어 개발 플랫폼으로서 BBB를 사용하며 이 후 모든 설명은 BBB를 그 대상으로 한다. BBB의 리눅스 운영체제는 Debian 또는 Ubuntu Linux를 사용하며 기본 GUI는 GNOME을 사용한다. 개발 프래그래밍 언어는 C 언어를 비롯하여 JavaScript, Python 등의 언어를 지원한다. 특히 JavaScript는 Google의 V8 엔진에 기반한 nodejs를 사용한다. 이것은 Java 프로그램을 실행시키기 위해 JRE(Java Runtime Environment)가 필요한 것과 유사하다.

1.2 비글본 블랙(BeagleBone Black)

1.2.1 제조사

비글본 블랙 보드는 개발자를 위한 리눅스 기반의 저렴하고 가성비가 좋은 오픈 소스(Open source) 개발 플랫폼이다. 개발 및 판매는 Beagleboard.org Foundation에 의해 수행되는데 이곳은 미국 미시건에 위치한 비영리 단체이며, 미국 텍사스에 위치한 CircuitCo(CircuitCo, http://www.circuitco. com)라는 회사에서 제조된다. 유사한 오픈 소스 개발 플랫폼으로서 Raspberry Pi(http://www. raspberrypi.org)가 있는데 이것은 영국에 기반을 둔 Raspberry Pi Foundation에 의해 개발되었다.

1.2.2 역사

비글본 블랙(BeagleBone Black) 보드는 2013년 4월에 개발되었지만 그 역사는 2008년 7월에 개발된 비글 보드(BeagleBoard)로 거슬러 올라간다. 비글 보드는 MCU(Micro-Controller Unit)로서 Texas Instruments(TI, http://www.ti.com)사의 OMAP 3530을 사용하였다. 이것은 CPU로서 32bit 프로세서로서 ARMv7-A 구조를 갖는 ARM Cortex-A8을 사용하며 TMS320C64x DSP 칩을 포함한다. 2010년 9월에는 Beagle-Board-xM이 발표되었는데 프로세서로 TI DM3730을 사용하였다. 2011년 10월에는 BeagleBone이 발표되었는데 PCB 앞면이 흰색으로 되어 있어서 BeagleBone White로도 불린다. 이것은 TI AM3358(Sitara processor)를 사용한다. 이 프로세서는 Beagle-Bone Black에서도 사용하는 프로세서로서 64KB on-chip memory가 내장되어 있다. 2013년 4월에 PCB 앞면이 검은 색으로 되어 있는 BeagleBone Black(BBB)이 발표되었는데 2015년 말 현재 Rev. C가 사용된다. BeagleBone에서 사용하는 동일한 프로세서인 AM3358이 사용되지만 클럭 스피드가 720MHz에서 1GHz로 상향되었다. 그 외에 로봇개발에 사용되도록 개발한 Blackbone Blue(https://beagleboard.org/blue)가 있고 BBB에 Wifi와 BLE가 포함된 Beaglebone Green(https://beagleboard.org/green)도 있다. 이러한 보드들의 기본은 BBB이다. 본 서에서는 BBB를 기반으로 설명한다.

1.2.3 BBB Rev. C의 사양(Specification)

전술한 바와 같이 BBB Rev. C는 CPU 클럭 스피드가 1GHz인 ARM Cortex-A8을 사용하는 TI AM335x 프로세서를 사용한다. 메모리는 512MB DDR3 RAM, 4GB 8bit eMMC(embedded MultiMedia Card) on-board flash 메모리를 사용한다.

특이한 점은 2개의 32bit PRU(Programmable Real-time Unit)을 포함하여 하드웨어적으로 실시간 처리가 가능하도록 하였다. 그 외 사양으로서 7개의 ADC(Analog-to-Digital Conversion), 65개의 Digital Pin(3.3V), microSD 카드 지원, USB 2.0, microHDMI, RJ45 Ethernet 커넥터 등의 하드웨어를 지원한다. 회로도, PCB 파일, 흔히 BOM (Bill of Material)이라고 말하는 자재명세서, 매뉴얼 등의 모든 자료는 BBB wiki 사이트(http://elinux.org/Beagleboard:BeagleBoneBlack)에서 오픈 소스 형태로 제공한다. 매뉴얼은 TI AM335X의 TRM(Technical Reference Manual)이 있고, BBB SRM(System Reference Manual)이 있으며 모두 인터넷 상에서 다운로드 할 수 있다. 특히 BBB SRM(beagleboard.org 사이트에 링크되어 있음)은 일독할 것을 권고한다.

그림 1.2 BBB의 각 부품의 명칭

소프트웨어는 Debian 및 Ubuntu Linux 운영체제뿐만 아니라 Android 모바일 운영체제까지 지원한다. 공장 출하 때에는 Debian Linux가 설치되어 있고, Google의 V8 엔진에 기반을 둔 자바 스크립트 실행환경(JavaScript Runtime Environment)인 nodejs가 설치되어 있다. 또한 웹 서버가 설치되어 있어서 웹서버로 사용할 수 있다. 따라서 Node.js와 JavaScript를 사용하여 server-side programming 개발이 가능하다. 이를 위하여 BoneScript 라이브러리가 내장되어 있으며 웹 기반 통합 개발 툴인 Cloud9이 설치되어 있는데 192.168.7.2:3000으로 접속 가능하다.

실습 1.1 | BBB와 모니터/키보드 연결

1. microHDMI 케이블의 한 쪽은 BBB에 연결하고 반대쪽은 모니터를 연결한다.
2. BBB에 키보드와 마우스를 연결한다.
3. USB케이블로 전원을 공급한다.

실습 1.2 | BBB와 TFT LCD 연결

1. BBB에 7" TFT LCD 디스플레이를 연결한다.
2. 전원으로 5V 어댑터를 연결한다.

1.3 개발환경

BBB는 기본적으로 표준 입출력(Standard Input/Output) 장치인 키보드와 모니터를 직접 연결할 수 있다. 따라서 USB 키보드/마우스를 연결하고 microHDMI 케이블을 이용하여 모니터를 연결할 수 있다. 대형 모니터 대신에 4.3 인치 또는 7인치 LCD를 직접 BBB 핀에 연결해서 사용해도 된다. 이 때 전원장치는 5V Power Adapter를 사용한다. 그러나 BBB에 직접 전용 키보드와 전용 모니터를 연결하는 방법은 추가적인 모니터와 키보드가 필요하다는 측면에서 불편하다.

호스트 컴퓨터의 키보드와 모니터를 개발자에게 제공하여 BBB를 제어하는 방법에는 크게 두 가지가 있다. 첫째, USB 케이블을 이용하는 방법과 둘째, 6핀의 디버그 시리얼 케이블을 이용하는 방법이다. USB 케이블을 이용하는 방법은 별도의 전원을 공급하지 않아도 된다는 장점이 있다. 반면에 시리얼 디버그 케이블을 이용할 때에는 외부 5V 어댑터를 이용해서 전원을 공급하거나 USB 케이블로 전원을 공급해야 하는 단점이 있다. 그럼에도 불구하고 BBB가 부팅할 때부터 모든 메시지를 볼 수 있다는 장점이 있기 때문에 실제 개발에서는 시리얼 케이블 방법이 많이 사용된다. 그러나 경우에 따라서 USB 케이블이 더 편리할 때도 있다. 여기에서는 이해의 명확성을 위해서 첫 번째 방법만을 설명하고 두 번째 방법은 6장에서 설명한다.

호스트 컴퓨터는 윈도우즈 운영체제를 사용해도 되지만 후반부의 우분투 리눅스 설치 등의 내용으로 인하여 우분투 리눅스를 사용하는 것이 더 편하다. 윈도우즈에서 VMware 또는 VirtualBox 등의 가상환경에서 우분투 리눅스를 사용해도 된다. 우분투 리눅스 데스크탑(Desktop, Mobile에 대응하는 개념) 버전에서 최소 5년간 업데이트를 지원하는 것을 LTS(Long Term Support) 버전이라고 하는데 2019년 12월 현재 18.04가 LTS의 최신 버전이다. 우분투 리눅스는 일 년에 두 번(4월과 10월) 신 버전이 발표되므로 2019년 12월 현재 최신버전은 19.10이다. 그러나 이 버전은 LTS 버전은 아니다.

1.3.1 USB 케이블 연결

그림 1.3과 같이 리눅스 PC에는 USB type A 커넥터를 연결하고 BBB에는 type mini-B 커넥터를 연결한다. 이것은 BBB의 Internet-over-USB 기능, 즉 USB 케이블이 LAN 케이블의 기능, 즉 Ethernet 기능을 이용하는 것이다. 이 때 디폴트(default)로 BBB의 고정 IP 주소는 192.168.7.2가 되고 리눅스 PC의 주소는 192.168.7.1이 된다. 사용 방법은 다음과 같다.

1) USB 케이블(그림 1.3)을 PC와 BBB에 연결한다.
2) 리눅스 PC의 터미널을 연다. 이때 PC 리눅스에 로그인 사용자는 표준모드가 아닌 관리자 모드로 생성하여야 한다. BBB가 부팅한 후(Linux의 우 상단에 LAN 접속 아이콘을 보면 연결이 해제되었다가 다시 연결되는 시점이 있다. 이것이 BBB가 부팅되는 시점인데 USB 케이블 연결 후 1분 이내이다.)에 터미널에서 if-

그림 1.3 USB 케이블

config 명령을 실행하면 eth0, eth4, lo 등의 ethernet adapter를 볼 수 있으며 어댑터에 할당된 IP 주소도 볼 수 있다. eth0는 Linux PC에 할당된 IP 주소(예: 58.124.33.178)이고, ethX(X는 임의의 숫자, 그림 1.4 참조)는 BBB 때문에 만들어진 PC Linux의 또 다른 IP주소(192.168.7.1)이다. 즉, 두 개 모두 PC의 IP 주소이지만 eth4는 USB Ethernet 기능으로 생긴 PC의 새 IP 주소이다. 그리고 lo는 local address(127.0.0.1)를 의미한다. ifconfig 명령이 없다면 net-tools 툴을 설치한다. 설치 명령은 sudo apt-get install net-tools이다.

> **주의** PC Linux의 원래 ethernet adapter는 eth0이다. BBB에 의해서 만들어진 eth1(그림 1.4의 경우에는 eth4) 등의 IP 주소가 192.168.7.1이 아니라면 PC Linux의 네트워크 설정을 IP 주소 자동할당(DHCP)으로 만든다. 그 다음에 BBB USB 케이블을 분리하고 다시 연결해서 BBB를 재부팅하면 제대로 192.168.7.1이 보일 것이다.

```
bbb@DMZ:~$ ifconfig
eth0      Link encap:Ethernet  HWaddr 00:13:77:c3:50:d0
          inet addr:58.124.33.178  Bcast:58.124.33.255  Mask:255.255.255.128
          inet6 addr: fe80::213:77ff:fec3:50d0/64 Scope:Link
          UP BROADCAST RUNNING MULTICAST  MTU:1500  Metric:1
          RX packets:7320 errors:0 dropped:0 overruns:0 frame:0
          TX packets:4344 errors:0 dropped:0 overruns:0 carrier:0
          collisions:0 txqueuelen:1000
          RX bytes:9825153 (9.8 MB)  TX bytes:349220 (349.2 KB)

eth4      Link encap:Ethernet  HWaddr d0:5f:b8:fd:4e:f7
          inet addr:192.168.7.1  Bcast:192.168.7.3  Mask:255.255.255.252
          inet6 addr: fe80::d25f:b8ff:fefd:4ef7/64 Scope:Link
          UP BROADCAST RUNNING MULTICAST  MTU:1500  Metric:1
          RX packets:42 errors:0 dropped:0 overruns:0 frame:0
          TX packets:12 errors:0 dropped:0 overruns:0 carrier:0
          collisions:0 txqueuelen:1000
          RX bytes:8215 (8.2 KB)  TX bytes:2292 (2.2 KB)

lo        Link encap:Local Loopback
          inet addr:127.0.0.1  Mask:255.0.0.0
          inet6 addr: ::1/128 Scope:Host
```

그림 1.4 PC에서 본 IP 주소

3) 터미널 윈도우에서 ssh(Secure SHell)명령을 이용하여 BBB에 연결시키고 로그인 한다(그림 1.5). 로그인할 때 username에 root를 사용하면 비밀번호를 물어보지 않는다. 로그인 후에 date 명령을 실행해 보자. ping 명령은 아직 BBB에서 인터넷 접속이 안 되므로 target host인 www.google.com이 접속되지 않는 것을 그림 1.5에서 보여준다.

```
bbb@Desktop: ~
bbb@Desktop:~$ ssh root@192.168.7.2
Debian GNU/Linux 7

BeagleBoard.org BeagleBone Debian Image 2014-04-23

Support/FAQ: http://elinux.org/Beagleboard:BeagleBoneBlack_Debian
Last login: Wed Apr 23 20:26:40 2014 from 192.168.7.1
root@beaglebone:~# date
Wed Apr 23 20:28:32 UTC 2014
root@beaglebone:~# ping www.google.com
ping: unknown host www.google.com
root@beaglebone:~#
```

그림 1.5 ssh 명령어를 이용한 login 화면

root라는 username을 사용하지 않고 $ssh 192.168.7.2와 같이 명령을 실행하면 디폴트로 호스트(Host) 리눅스의 login username을 이용해서 접속을 시도하며 이때는 BBB에 동일한 username에 대한 비밀번호를 물어보게 되므로 주의한다.

BBB에 Login 후 Prompt를 확인하면 bbb@Desktop:~$에서 root@beaglebone:~#으로 변경된 것을 알 수 있다(그림 1.5).

BBB에서 ifconfig 명령을 실행하면 eth0, usb0, lo 등의 어댑터를 볼 수 있으며 여기에 할당된 IP 주소도 볼 수 있다(그림 1.6). eth0는 IP 주소가 보이지 않는데 이것은 PC(192.168.7.1)를 의미하고 usb0(192.168.7.2)는 BBB를 의미한다.

```
root@beaglebone:~# ifconfig
eth0      Link encap:Ethernet  HWaddr d0:5f:b8:fd:4e:f5
          UP BROADCAST MULTICAST  MTU:1500  Metric:1
          RX packets:0 errors:0 dropped:0 overruns:0 frame:0
          TX packets:0 errors:0 dropped:0 overruns:0 carrier:0
          collisions:0 txqueuelen:1000
          RX bytes:0 (0.0 B)  TX bytes:0 (0.0 B)
          Interrupt:40

lo        Link encap:Local Loopback
          inet addr:127.0.0.1  Mask:255.0.0.0
          inet6 addr: ::1/128 Scope:Host
          UP LOOPBACK RUNNING  MTU:65536  Metric:1
          RX packets:0 errors:0 dropped:0 overruns:0 frame:0
          TX packets:0 errors:0 dropped:0 overruns:0 carrier:0
          collisions:0 txqueuelen:0
          RX bytes:0 (0.0 B)  TX bytes:0 (0.0 B)

usb0      Link encap:Ethernet  HWaddr d6:a4:27:22:bb:5c
          inet addr:192.168.7.2  Bcast:192.168.7.3  Mask:255.255.255.252
          inet6 addr: fe80::d4a4:27ff:fe22:bb5c/64 Scope:Link
          UP BROADCAST RUNNING MULTICAST  MTU:1500  Metric:1
```

그림 1.6 BBB에서 본 IP 주소

ssh 프로그램이 없어서 명령어가 실행되지 않는다면 ssh 프로그램을 설치한 후에 다시 실행시킨다. ssh를 설치하려면 apt-get 명령어를 사용한다. sudo는 super user의 권한으로 실행(do)하라는 뜻이다. 이후 명령어가 없어서 오류가 발생하면 다음과 같이 apt-get install 명령을 사용하여 설치 후에 재실행한다.

```
$sudo apt-get install ssh
```

이 때 물어보는 password는 root(Super User)의 비밀번호가 아니라 Host PC에 로그인한 일반 사용자의 비밀번호라는 것에 주의한다. ssh를 이용하여 처음 접속하게 되면 정말 접속할 것인지를(yes/no) 물어보는데 yes를 입력한다(그림 1.7).

```
bbb@Desktop: ~
bbb@Desktop:~$ ssh root@192.168.7.2
The authenticity of host '192.168.7.2 (192.168.7.2)' can't be established.
ECDSA key fingerprint is c0:81:1a:f4:58:b9:51:15:00:df:ee:71:c4:d9:fd:54.
Are you sure you want to continue connecting (yes/no)? yes
Warning: Permanently added '192.168.7.2' (ECDSA) to the list of known hosts.
Debian GNU/Linux 7

BeagleBoard.org BeagleBone Debian Image 2014-04-23

Support/FAQ: http://elinux.org/Beagleboard:BeagleBoneBlack_Debian
Last login: Wed Apr 23 20:20:10 2014
root@beaglebone:~#
```

그림 1.7 접속할 것인지를 물어보는 화면(yes/no를 입력)

일단 BBB에 로그인 후에는 모든 명령어는 BBB의 리눅스에서 실행하는 것이 된다.

```
bbb@Desktop: ~
bbb@Desktop:~$ ssh root@192.168.7.2
@@@@@@@@@@@@@@@@@@@@@@@@@@@@@@@@@@@@@@@@@@@@@@@@@@@@@@@@@@@
@    WARNING: REMOTE HOST IDENTIFICATION HAS CHANGED!     @
@@@@@@@@@@@@@@@@@@@@@@@@@@@@@@@@@@@@@@@@@@@@@@@@@@@@@@@@@@@
IT IS POSSIBLE THAT SOMEONE IS DOING SOMETHING NASTY!
Someone could be eavesdropping on you right now (man-in-the-middle attack)!
It is also possible that a host key has just been changed.
The fingerprint for the ECDSA key sent by the remote host is
c0:81:1a:f4:58:b9:51:15:00:df:ee:71:c4:d9:fd:54.
Please contact your system administrator.
Add correct host key in /home/bbb/.ssh/known_hosts to get rid of this message.
Offending ECDSA key in /home/bbb/.ssh/known_hosts:1
  remove with: ssh-keygen -f "/home/bbb/.ssh/known_hosts" -R 192.168.7.2
ECDSA host key for 192.168.7.2 has changed and you have requested strict checkin
g.
Host key verification failed.
bbb@Desktop:~$ ^C
bbb@Desktop:~$ ^C
bbb@Desktop:~$
```

그림 1.8 host key가 변경되었을 경우 오류 메시지

때때로 host key가 변경되었을 때 그림 1.8과 같이 오류 메시지가 보인다. 이때는 당황하지 말고 하일라이트 부분을 선택하고 그림 1.8과 같이 마우스 우버튼을 클릭해서 복사한 다음에 $ 프롬트 뒤에 붙여넣기를 하여 명령어를 수행하면 된다(그림 1.9).

```
Host key verification failed.
bbb@Desktop:~$ ^C
bbb@Desktop:~$ ^C
bbb@Desktop:~$ ssh-keygen -f "/home/bbb/.ssh/known_hosts" -R 192.168.7.2
```

그림 1.9 ssh 명령 실행시 오류 대처법

실습 1.3 | PC에서 BBB 접속하기

Internet-over-USB 기능을 이용한다.

1. PC와 BBB를 USB 케이블로 연결하여 BBB를 부팅시킨다.
2. 터미널에서 ifconfig 명령을 실행하고 eth0, eth1, lo 등에 할당되어 있는 ip 주소를 확인한다.
3. ssh root@192.168.7.2 명령을 실행하여 BBB에 접속을 시도한다.
   만약 ssh가 없다면 ssh 소프트웨어를 설치한다.
   $sudo apt-get install ssh

실습 1.4 | 커널 버전 확인

1. root 사용자로 로그인한다.
   root@beaglebone:~#
2. BBB에서 다음 명령을 실행하여 커널버전을 확인한다.
   root@beaglebone:~#uname -r
   3.8.13-bone50
3. ifconfig 명령을 실행시켜 eth0, usb0, lo 등에 할당된 ip주소를 확인한다.
   usb0(192.168.7.2), lo(127.0.0.1)
4. ping 192.168.7.1
5. date
6. iwconfig
7. exit

1.3.2 시스템 셧다운(Shutdown)

BBB에서 eMMC나 microSD 메모리를 언마운트(Unmount)하기 전에 물리적으로 전원을 분리하면 file system이 고장날 수 있다. 따라서 shutdown 명령어를 이용하는 것이 좋다.

```
#shutdown –h now
```

하드웨어적으로 power button을 눌러서 셧다운 시키는 방법이 있는데 soft shutdown 및 hard shutdown이 있다.

- soft shutdown : power button을 살짝 누른다.
- hard shutdown : 약 8초간 power button을 누른다.

시스템을 재시작하는 명령어는 reboot이 있다.

```
#reboot
```

power 버튼과 비슷한 버튼으로 reset 버튼이 있는데 이것은 CPU의 전원공급을 끊었다 다시 연결하는 것을 의미한다. 그러나 다른 디바이스들의 전원은 계속 공급된다. Desktop PC의 경우에도 마찬가지로 Power 버튼과 Reset 버튼이 따로 존재하는 경우가 있지만 요즘은 원가절감 차원에서 리셋버튼이 없어지는 추세이다.

실습 1.5 | PWR & RESET 버튼과 시스템 LED 확인

1. Reset 버튼을 누른다.
2. 부팅 메시지와 시스템 LED 확인
   시스템 LED 순서는 HMCE 순서이다. (Heartbeat, MicroSD, Cpu, Emmc)
3. PWR 버튼을 눌러서 BBB를 끈다.

1.4 BBB에서의 네트워 설치

기본적으로 RJ45의 LAN 케이블을 이용한 유선 네트웍을 이용할 수 있으며 DHCP를 지원하는 허브(Hub)나 아파트의 벽에 있는 RJ45 잭에 연결하면 자동으로 IP주소가 설정된다. 기본적으로 유선 이더넷을 추천하지만 부득이한 경우에 다음과 같이 무선 WiFi와 USB 케이블을 이용한 네트웍 공유 연결 방법에 대하여 알아보자.

1.4.1 WiFi 연결

BBB의 전원을 끈 다음에 WiFi Dongle을 장착한다. WiFi Dongle로는 ipTIME (http://www.iptime.co.kr) N100mini 또는 이것보다 조금 큰 ipTime N100UM 등의 모델을 사용해서 설명한다. 전원으로 USB 케이블을 사용하지 않고 5V power 어댑터를 연결하여 BBB를 부팅시킨다. root로 로그인한 후에 iwconfig 명령어를 사용하여 network adapter를 확인한다. network adapter는 ra0 또는 wlan0와 같이 보일 것이다.

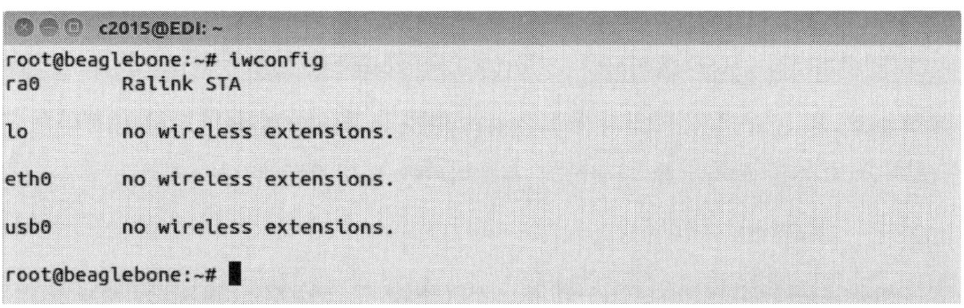

그림 1.10 ra0 interface

확인이 되었으면 /etc/network/interfaces 파일을 아래와 같이 수정한다.

```
auto wlan0
iface wlan0 inet dhcp
wpa-ssid "SSID" //(SSID는 변경됨)
wpa-psk "1234567890"  //(비밀번호)
```

위와 같이 /etc/network/interfaces 파일을 수정한 후에 그림 1.11과 같이 ifup 명령어를 이용하여 네트웍을 활성화시킨다. 비활성화 명령어는 ifdown ra0이다

```
#ifup ra0
```

그림 1.11에서 BBB의 ip address는 192.168.0.5임을 알 수 있다. 그림 1.12는 네트웍이 동작한 후에 iwconfig 명령어를 수행한 후의 화면이다. ESSID: "Thumper는 interfaces 파일의 내용 중 wpa-ssid를 말한다. 즉 무선 AP의 SSID이다. ra0 어댑터가 무선 WiFi AP에 접속된 후에 ping test를 실시하여 인터넷 접속이 잘 되는 것을 확인한다.

```
root@beaglebone:~# ifup ra0
Internet Systems Consortium DHCP Client 4.2.2
Copyright 2004-2011 Internet Systems Consortium.
All rights reserved.
For info, please visit https://www.isc.org/software/dhcp/

Listening on LPF/ra0/64:e5:99:f4:49:cb
Sending on   LPF/ra0/64:e5:99:f4:49:cb
Sending on   Socket/fallback
DHCPDISCOVER on ra0 to 255.255.255.255 port 67 interval 8
DHCPDISCOVER on ra0 to 255.255.255.255 port 67 interval 11
DHCPREQUEST on ra0 to 255.255.255.255 port 67
DHCPOFFER from 192.168.0.1
DHCPACK from 192.168.0.1
bound to 192.168.0.5 -- renewal in 3445 seconds.
root@beaglebone:~# █
```

그림 1.11 ifup 명령어

```
c2015@EDI: ~
root@beaglebone:~# iwconfig
ra0       Ralink STA  ESSID:"Thumper"  Nickname:"MT7601STA"
          Mode:Managed  Frequency=2.417 GHz  Access Point: 00:08:9F:DE:6F:BC
          Bit Rate=135 Mb/s
          RTS thr:off   Fragment thr:off
          Encryption key:E604-3B57-2EFC-3436-05F5-86B2-85FE-0017 [2]   Securityn
          Link Quality=100/100  Signal level:-40 dBm  Noise level:-68 dBm
          Rx invalid nwid:0  Rx invalid crypt:0  Rx invalid frag:0
          Tx excessive retries:0  Invalid misc:0   Missed beacon:0

lo        no wireless extensions.

eth0      no wireless extensions.

usb0      no wireless extensions.
```

그림 1.12 iwconfig 명령어

만약 Wifi 연결문제가 있다면 network connection manager 프로그램인 connman을 이용해서 해결할 수 있다. connman의 실행은 그림 1.13처럼 connmanctl 명령어를 이용한다.

```
ubuntu@arm: ~
ubuntu@arm:~$ connmanctl
Error getting VPN connections: The name net.connman.vpn was not provided by any
connmanctl> enable wifi
Error wifi: Already enabled
connmanctl> scan wifi
Scan completed for wifi
connmanctl> services
*A  TRCNEW               wifi_0026664a1916_5452434e4557_managed_psk
    HP-Print-2E-LaserJet Pro MFP wifi_0026664a1916_48502d5072696e742d32452d4c617
365724a65742050726f204d4650_managed_none
connmanctl> agent on
Agent registered
connmanctl> connect wifi_0026664a1916_5452434e4557_managed_psk
Connected wifi_0026664a1916_5452434e4557_managed_psk
connmanctl> services
*AO TRCNEW               wifi_0026664a1916_5452434e4557_managed_psk
    HP-Print-2E-LaserJet Pro MFP wifi_0026664a1916_48502d5072696e742d32452d4c617
365724a65742050726f204d4650_managed_none
connmanctl> quit
ubuntu@arm:~$ ifconfig
eth0: flags=-28669<UP,BROADCAST,MULTICAST,DYNAMIC>  mtu 1500
        ether 1c:ba:8c:e4:bc:4e  txqueuelen 1000  (Ethernet)
        RX packets 0  bytes 0 (0.0 B)
```

그림 1.13 connmanctl 명령어를 이용한 WiFi 연결

실습 1.6 | BBB WiFi 연결

1. BBB 전원을 끈다. (Power off)
2. WiFi dongle을 연결한다.
3. ssh root@192.168.7.2를 이용해서 BBB에 로그인한다.
4. BBB에서 iwconfig 명령을 실행하여 wlan0 또는 ra0 확인
5. BBB에서 /etc/network/interfaces 파일을 vi editor를 이용하여 수정한다.(#는 주석)
   auto wlan0
   iface wlan0 inet dhcp
   wpa-ssid "SSID" (각자의 SSID)
   wpa-psk "PASSWORD"(각자의 비밀번호)
6. 다음 명령어를 사용함으로써 무선 어댑터를 동작시킨다.
   #ifup wlan0 //wifi network interface를 up시킨다.
   #ifconfig //ifconfig 명령을 실행하여 ip 주소를 확인한다.
   #ping www.google.com //ping test를 실시하여 인터넷이 작동하는지 알아본다.

1.4.2 USB 케이블을 이용한 네트워크 공유(Network Sharing)

BBB에서 리눅스 Desktop PC를 경유하여 인터넷에 연결하는 것을 네트워크 공유라고 한다. 네트워크을 Desktop과 BBB 컴퓨터가 같이 사용한다는 뜻이다. 이를 위해서는 리눅스 PC에서 Kernel firewall 설정과 IP forwarding 기능을 활성화해야 하고, BBB에서는 Gateway 설정을 해주어야하는 번거로움이 있다. 우선 리눅스 PC에서 다음과 같이 3단계 작업을 수행한다.

1) ifconfig 명령을 이용해서 두 개의 이더넷(ethernet) 어댑터 확인
   main adapter(eth0)와 internet-over-USB adapter(eth1)

```
$ifconfig
```

그림 1.14에서 eth0는 PC에서 사용하는 이더넷 어댑터(main adapter)이고 eth1은 BBB에서 PC에게 제공한 이더넷 어댑터(internet-over-USB adapter)이다.

```
bbb@Desktop: ~
bbb@Desktop:~$ ifconfig
eth0      Link encap:Ethernet  HWaddr 00:13:77:c3:50:d0
          inet addr:192.168.123.100  Bcast:192.168.123.255  Mask:255.255.255.0
          inet6 addr: fe80::213:77ff:fec3:50d0/64 Scope:Link
          UP BROADCAST RUNNING MULTICAST  MTU:1500  Metric:1
          RX packets:78 errors:0 dropped:0 overruns:0 frame:0
          TX packets:104 errors:0 dropped:0 overruns:0 carrier:0
          collisions:0 txqueuelen:1000
          RX bytes:16270 (16.2 KB)  TX bytes:12617 (12.6 KB)

eth1      Link encap:Ethernet  HWaddr d0:5f:b8:fd:4e:f7
          inet addr:192.168.7.1  Bcast:192.168.7.3  Mask:255.255.255.252
          inet6 addr: fe80::d25f:b8ff:fefd:4ef7/64 Scope:Link
          UP BROADCAST RUNNING MULTICAST  MTU:1500  Metric:1
          RX packets:39 errors:0 dropped:0 overruns:0 frame:0
          TX packets:12 errors:0 dropped:0 overruns:0 carrier:0
          collisions:0 txqueuelen:1000
          RX bytes:7797 (7.7 KB)  TX bytes:2292 (2.2 KB)

lo        Link encap:Local Loopback
          inet addr:127.0.0.1  Mask:255.0.0.0
          inet6 addr: ::1/128 Scope:Host
          UP LOOPBACK RUNNING  MTU:65536  Metric:1
          RX packets:217 errors:0 dropped:0 overruns:0 frame:0
```

그림 1.14 PC 리눅스에서 ifconfig 화면

2) 다음 iptables 명령어를 사용하여 kernel의 firewall을 설정한다(그림 1.15). 명령어는 대소문자를 구별(case sensitive)한다. iptables는 user space command line program으로서 자세한 것은 netfilter 프로젝트(http://www.netfilter.org)를 참조하시오.

```
$sudo iptables --append FORWARD --in-interface eth1 –j ACCEPT
$sudo iptables --table nat --append POSTROUTING --out-interface eth0
-j MASQUERADE
```

위 명령에서 eth0 및 eth1은 1)번에서 보인 어댑터를 의미한다.

3) ip forwarding 기능을 활성화시킨다.

```
$sudo sh -c "echo 1 > /proc/sys/net/ipv4/ip_forward"
```

ip_forward 파일은 초기에 "0"값이다. -c 옵션은 shell에서 string이 명령어가 되도록 하는 것이다.

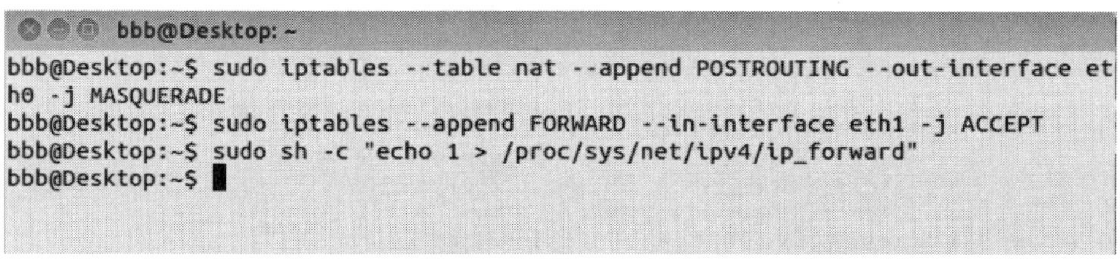

그림 1.15 kernel의 firewall 설정과 ip forwarding

이제 BBB에 로그인해서 Google의 DNS(Domain Name Server)를 ping test 해 보자. 8.8.8.8은 Google의 public DNS 서버로서 8.8.4.4도 같은 기능의 서버 주소이다.

```
#ping 8.8.8.8
```

네트웍이 연결되지 않았기 때문에 ping test는 실패할 것이다.

이제 다음과 같이 gateway를 설정한다.

```
#/sbin/route add default gw 192.168.7.1
```

여기서 192.168.7.1은 BBB에서 바라본 PC linux를 말하는 것이므로 BBB의 데이터를 모두 PC로 보내고 PC에서 인터넷 어댑터를 통해서 외부로 나가라는 뜻이 된다.

이제 다시 ping test를 해 보자.

```
#ping 8.8.8.8
```

```
bbb@Desktop: ~
root@beaglebone:~# ping 8.8.8.8
connect: Network is unreachable
root@beaglebone:~# /sbin/route add default gw 192.168.7.1
root@beaglebone:~# ping 8.8.8.8
PING 8.8.8.8 (8.8.8.8) 56(84) bytes of data.
64 bytes from 8.8.8.8: icmp_req=1 ttl=45 time=68.2 ms
64 bytes from 8.8.8.8: icmp_req=2 ttl=45 time=67.8 ms
64 bytes from 8.8.8.8: icmp_req=3 ttl=45 time=67.7 ms
^C
--- 8.8.8.8 ping statistics ---
3 packets transmitted, 3 received, 0% packet loss, time 2002ms
rtt min/avg/max/mdev = 67.713/67.958/68.296/0.246 ms
root@beaglebone:~#
```

그림 1.16 gateway 설정 및 ping 테스트

이제는 ping test가 잘 될 것이다. 그러나 도메인 네임을 이용해서 핑 테스트를 실행하면 에러가 발생한다.

```
#ping www.google.com (에러 발생)
```

이때는 /etc/resolv.conf 파일을 수정해서 google DNS인 8.8.8.8을 넣는다.

```
bbb@Desktop: ~
nameserver 8.8.8.8
~
```

그림 1.17 /etc/resolv.conf 파일의 내용

그리고 다시 위 명령을 실행하면 도메인 네임을 이용해서도 핑 테스트가 잘 되는 것을 확인할 수 있다.

```
bbb@Desktop: ~
root@beaglebone:/etc# ping www.google.com
PING www.google.com (1.255.33.35) 56(84) bytes of data.
64 bytes from 1.255.33.35: icmp_req=1 ttl=57 time=1.49 ms
64 bytes from 1.255.33.35: icmp_req=2 ttl=57 time=1.62 ms
64 bytes from 1.255.33.35: icmp_req=3 ttl=57 time=1.50 ms
^C64 bytes from 1.255.33.35: icmp_req=4 ttl=57 time=1.65 ms

--- www.google.com ping statistics ---
4 packets transmitted, 4 received, 0% packet loss, time 15402ms
rtt min/avg/max/mdev = 1.499/1.570/1.659/0.071 ms
root@beaglebone:/etc#
```

그림 1.18 도메인 네임을 이용한 핑 테스트

이제 date 명령을 실행해 보자. 시간이 맞지 않으면 시각 서버를 이용해서 시간을 맞추도록 하자.

```
#date
#ntpdate pool.ntp.org
```

```
c2015@EDI: ~
root@beaglebone:~# date
Thu May 15 02:34:27 UTC 2014
root@beaglebone:~# ntpdate pool.ntp.org
12 Jan 02:34:36 ntpdate[1415]: step time server 211.233.84.186 offset 52444794.4
48680 sec
root@beaglebone:~# date
Tue Jan 12 02:34:41 UTC 2016
root@beaglebone:~#
```

그림 1.19 BBB에서의 시간 맞추기

1.5 NBC(Node.js, BoneScript, Cloud9)와 Web server

BBB에서는 기본적으로 JavaScript Runtime Environment로서 node.js(http://www.nodejs.org)를 제공하고, node.js의 library function으로서 BoneScript를 제공한다. 또한 Web IDE로서 Cloud9을 제공한다. Cloud9은 BBB에서 호스트 컴퓨터에게 웹 서비스 개발환경을 제공하는 Web IDE이다. 이것은 IP 주소를 이용해야 하므로 PC와 BBB가 USB 케이블로 연결되어야 한다.

1.5.1 Node.js

Google의 Chrome에서 사용하는 V8 JavaScript engine에 기반을 둔 것으로서 서버 사이드 웹 응용 프로그램을 위한 Open-source JavaScript 실행 환경(Runtime Environment)이다. Event-driven architecture이며 non-blocking I/O API를 제공한다. 흔히 JavaScript 언어는 웹 브라우저에서 실행되는 프로그램을 위해 사용되지만 node.js는 서버에서 실행되는 프로그램을 작성한다(server-side programming). 아래 기술하는 Cloud9 Web IDE 프로그램도 node.js 환경에서 JavaScript로 작성되었다. 기본 디렉토리는 /usr/local/lib/node_modules/bonescript이다.

1.5.2 BoneScript

이것은 node.js를 위한 BeagleBone 함수 라이브러리를 말한다. BBB의 GPIO 연결을 JavaScript를 이용해서 쉽게 한다.

1.5.3 Cloud9 Web IDE

Eclipse와 같은 대부분의 IDE는 독립실행형(Stand-alone)이지만 Cloud9(http://c9.io)은 웹 기반 IDE로서 호스트 PC에서 웹 브라우저를 이용해 BBB를 접속해 사용한다. 리눅스 PC에서 http://192.168.7.2:3000과 같이 포트주소 3000번을 사용하여 웹 접속을 하면 IDE에 접속이 된다. 192.168.7.2가 BBB의 IP 주소이므로 USB 케이블을 사용하여 PC-BBB 연결하여 사용한다.

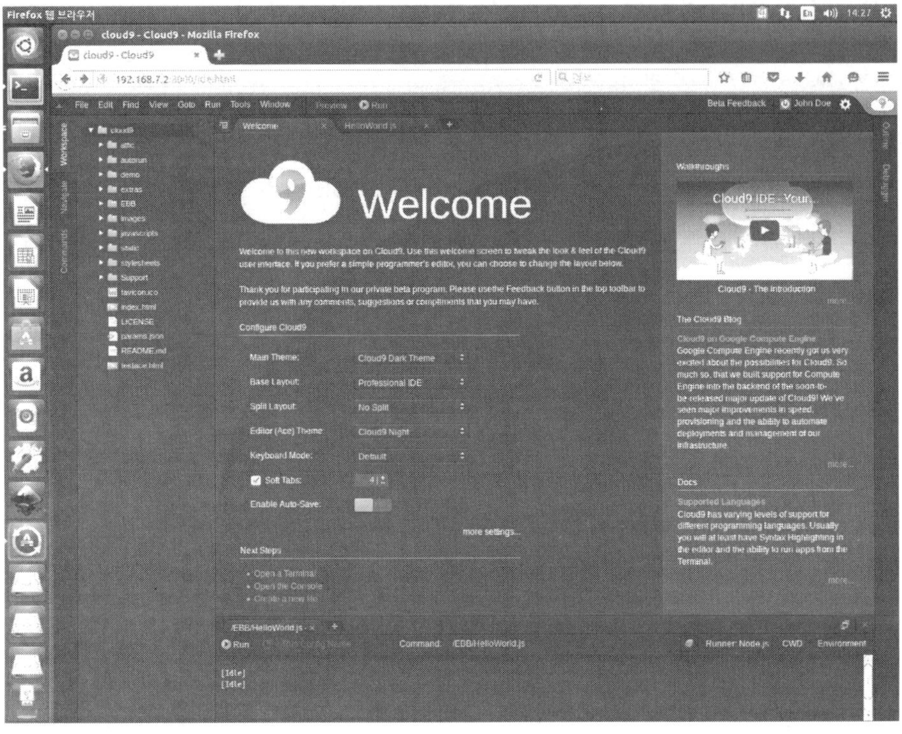

그림 1.20 Cloud9 Web IDE

1.5.4 Web Server

BBB에는 기본적으로 실행되는 웹 서버가 두개 있다. 하나는 Apache2 web server이고 또 하나는 node.js에서 실행되는 웹 서버이다. apache2 웹서버의 설정 디렉토리는 /etc/apache2이고 실행은 /etc/init.d/apache2 스크립트에 의해 실행된다. 홈 디렉토리(working directory)는 /var/www이다. port는 8080을 디폴트로 사용한다.

다른 웹서버는 node.js 기반에서 JavaScript를 사용해서 실행되는데 설정 디렉토리는 /usr/local/lib/node_modules/bonescript/systemd이고 port 80과 port 3000의 두 가지 웹 서버를 디폴트로 제공한다. 첫째, port 80 웹 서버는 bonescript.socket과 bonescript.service 파일에 의해 실행되며, 홈 디렉토리는 /var/lib/cloud9이다. 이 디렉토리의 index.html 파일을 수정하면 http://192.168.7.2를 사용해서 접속되는 웹 서버의

내용을 수정하는 것이다. 둘째, port 3000 웹 서버는 cloud9.socket과 cloud9.service 파일에 의해 실행되며, 홈 디렉토리는 /opt/cloud9이다. 이것은 Cloud9이라는 Web IDE를 서비스한다.

실습 1.7 | BBB의 nodejs 기본 웹서버 연결

1. 기본 웹 서버 (port 80) 연결하기
   주소: 192.168.7.2
2. 내용 변경하기
   접속 홈페이지를 변경하려면 홈디렉터리의 index.html 파일을 변경한다.
   홈 디렉토리: /var/lib/cloud9로 이동
   #cd /var/lib/cloud9
3. 원래 파일(index.html) 백업 복사하기
   #mv index.html index.html_org
4. index.html을 새로 만들기
   #vi index.html

실습 1.8 | BBB의 nodejs Cloud9 웹서버 연결

1. Cloud9 웹 서버 (port 3000) 연결하기
   주소: 192.168.7.2:3000
   홈 디렉토리: /opt/cloud9

실습 1.9 | BBB의 Apache2 웹서버 연결

1. Apache2 웹 서버 (port 8080) 연결하기
   주소: 192.168.7.2:8080
   홈 디렉토리: /var/www

CHAPTER 2

BeagleBone Black의 LED 제어

2.1 sysfs를 이용한 BBB LED 제어

BBB에는 USR이라고 불리는 파랑색 LED가 4개 있다. LED에는 이름이 붙어 있는데 5V jack을 위로 향하게 할 때 보드 우측부터 각각 USR0, USR1, USR2, USR3로 되어 있다. BBB에서 USR0는 디폴트로 보드의 Heartbeat을 의미한다. 즉, 보드가 동작하고 있으면 주기적으로 깜박인다. USR1은 microSD 카드 메모리가 동작될(Access) 때 깜박인다. USR2는 CPU가 동작할 때 깜박인다. USR3는 eMMC 메모리가 액세스될 때 깜박이게 된다. 이들 LED를 제어할 때에는 가상 파일시스템(Virtual File System)인 sysfs를 이용해서 제어할 수 있는데 sysfs는 /sys에 마운트(Mount)된다. 즉, 마운트 지점(Mount Point)이 /sys가 되는 것이다. LED는 원래 하드웨어이므로 Kernel space에서만 제어할 수 있지만 sysfs를 이용해서 User space에서도 제어할 수 있다.

Linux Address Space는 Kernel Space와 User Space로 나누어진다. Kernel space에서는 Kernel module program이 실행되고 User space에서는 User application program이 실행된다. Kernel module의 대표적인 것으로서 Device driver를 들 수 있다. 사용자 응용 프로그램은 User space의 library 함수(예: GNU C library API)를 사용하고, 디바이스 드라이버 제어로서 Kernel space의 System call을 사용하기도 한다. 이를 그림 2.1에 간략히 나타낸다. 예를 들어서 커널 모듈 프로그램인 디바이스 드라이버 제

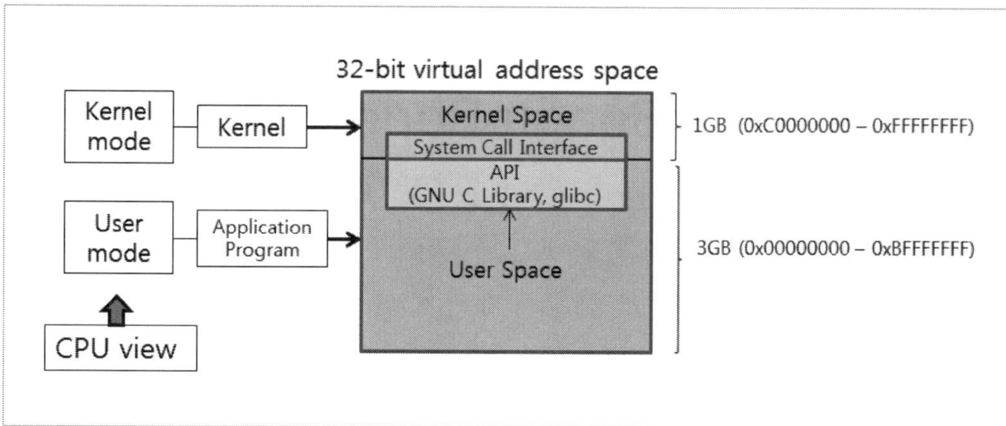

그림 2.1 Linux Address Space and Modes

어를 위해 open()이라는 시스템 콜을 사용할 수도 있으며, user space의 프로그램을 위해 standard C library(glibc)로서 fopen() 함수를 사용할 수도 있다.

BBB의 sysfs인 /sys를 액세스하기 위해서 USB 케이블을 사용하거나 시리얼 케이블을 사용할 수 있으나 본 실습에서는 편리성 때문에 USB 케이블을 사용해보자. 우선 ssh 명령어로 BBB에 접속한 후에 그림 2.2와 같이 /sys를 액세스한다.

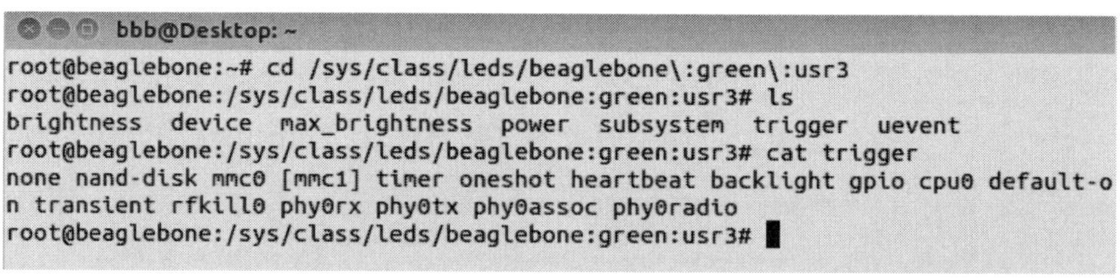

그림 2.2 sysfs를 이용한 USR3 제어

그림 2.2를 보면 우선 /sys/class/leds/beaglebone\:green\:usr3 디렉토리로 이동한다. 이때 tab 키를 사용해서 디렉토리 이름들을 쉽고 빠르게 입력한다. 여기서 trigger 파일을 cat 명령으로 읽으면 [mmc1]을 볼 수 있다. 이것은 USR3가 디폴트로 mmc1으

로 설정되어 있다는 것을 의미한다. mmc1은 eMMC 메모리를 의미하며 USR3는 eMMC가 액세스될 때 동작한다는 것을 의미한다. mmc0는 microSD 메모리를 의미하므로 /sys/class/leds/beaglebone\:green\:usr1에 가보면 trigger 파일에 [mmc0]으로 되어 있을 것이라고 짐작할 수 있다.

이제 그림 2.3에서 보듯이 /sys/class/leds/beaglebone\:green\:usr2 디렉토리로 이동한다. trigger 파일을 cat으로 읽으면 [cpu0]를 볼 수 있다. USR2 LED가 CPU가 동작할 때 같이 동작한다는 뜻이다. 이 LED를 동작하지 않게 끄려면 none으로 덮어쓰면 된다. 이 명령은 아래와 같다.

```
#echo none > trigger
```

여기서 #는 프롬트(prompt) 문자이므로 타이핑하지 않는다.

이 LED를 항상 ON 즉 불이 들어오게 하려면 trigger 파일 대신에 brightness 파일에 1을 쓴다. 0을 쓰면 USR2 LED가 항상 꺼진 상태로 있게 된다.

```
#echo 1 > brightness
```

```
bbb@Desktop: ~
root@beaglebone:~# cd /sys/class/leds/beaglebone\:green\:usr2
root@beaglebone:/sys/class/leds/beaglebone:green:usr2# ls
brightness  device  max_brightness  power  subsystem  trigger  uevent
root@beaglebone:/sys/class/leds/beaglebone:green:usr2# cat trigger
none nand-disk mmc0 mmc1 timer oneshot heartbeat backlight gpio [cpu0] default-o
n transient rfkill0 phy0rx phy0tx phy0assoc phy0radio
root@beaglebone:/sys/class/leds/beaglebone:green:usr2# echo none > trigger
root@beaglebone:/sys/class/leds/beaglebone:green:usr2# echo 1 > brightness
root@beaglebone:/sys/class/leds/beaglebone:green:usr2# echo 0 > brightness
root@beaglebone:/sys/class/leds/beaglebone:green:usr2# echo timer > trigger
root@beaglebone:/sys/class/leds/beaglebone:green:usr2# ls
brightness  delay_on  max_brightness  subsystem  uevent
delay_off   device    power           trigger
root@beaglebone:/sys/class/leds/beaglebone:green:usr2# cat delay_on
500
root@beaglebone:/sys/class/leds/beaglebone:green:usr2# echo 50 > delay_on
root@beaglebone:/sys/class/leds/beaglebone:green:usr2# echo 50 > delay_off
root@beaglebone:/sys/class/leds/beaglebone:green:usr2# echo cpu0 > trigger
root@beaglebone:/sys/class/leds/beaglebone:green:usr2# 
```

그림 2.3 sysfs를 이용한 USR2 제어

trigger 파일에 timer를 덮어 쓰면 LED가 깜박이게 되는데 ON되는 시간이 500ms이고 OFF 시간이 500ms가 된다.

```
#echo timer > trigger
```

다른 파일 중에서 delay_on 파일과 delay_off 파일이 있다. 이것은 LED가 깜박이는 주기를 정하는데 사용된다. 즉 ON 상태가 몇 초 지속(delay)되는가를 결정한다. 디폴트 값은 500이다. 즉, 위에서와 같이 trigger 파일에 timer를 썼을 때 디폴트로 500이 delay_on과 delay_off 파일에 써지는 것이다. 이 값을 변경할 수도 있다.

```
#echo 50 > delay_on
#echo 50 > delay_off
```

이와 같이 하면 LED가 빠르게(100ms 주기로) 깜박이는 것을 확인할 수 있다. LED를 처음 상태로 되돌리려면 아래와 같이 실행한다.

```
#echo cpu0 > trigger
```

실습 2.1 | USR3 LED 확인하기

1. BBB에 root로 로그인한다.
2. 다음과 같이 디렉토리를 변경한다.
   #cd /sys/class/leds/beaglebone₩:green₩:usr3
   (tab 키 사용하면 편리하다.)
3. 디렉토리 리스트(ls 명령어)
   #ls
4. trigger 파일 읽기
   #cat trigger

실습 2.2 | USR2 LED 제어

1. 디렉토리 변경
   #cd /sys/class/leds/beaglebone₩:green₩:usr2

2. 디렉토리 리스트
   #ls
3. trigger 파일 읽기
   #cat trigger
4. USR2 LED 제어
   #echo none > trigger
   #echo 1 > brightness
   #echo 0 > brightness
   #echo timer > trigger
5. LED2 깜박임 주기 변경하기
   #cat delay_on
   #echo 50 > delay_on
   #echo 50 > delay_off
6. LED2 원래상태로 되돌리기
   #echo cpu0 > trigger

2.2 Script Programming

BBB에서는 기본적으로 Bash script, Perl, Python, JavaScript의 스크립트 프로그래밍을 지원한다. Bash는 BBB의 Shell로서 파일은 /bin/bash로 존재한다. 네 가지 스크립트 언어 모두 Interpreter 언어로서 실행 속도가 Compiled 언어보다 느린 것이 단점이지만 쉽게 사용할 수 있다는 점이 큰 장점이다.

더구나, BBB에서 사용하는 JavaScript는 Google V8 엔진 기반의 node.js를 Runtime Environment로 사용하는데 이것은 just-in-time(JIT) compiler 기술을 이용한다. JIT는 미리 컴파일하지 않고 실행할 때 컴파일하는 것으로서 interpreter 언어의 편리성을 취하면서도 컴파일 언어의 속도가 빠른 장점을 취하는 중간노선을 따른다. Node.js는 기존 Interpreter 언어보다는 대략 10배 정도 빠르고 C 언어 같은 컴파일 언어보다는 두 배정도 느리다. Node.js는 JVM같은 가상 머신의 bytecode를 사용하지 않고 JavaScript를 바로 native machine code(CPU에서 실행되는 2진 코드)로 컴파일하기 때문에 속도가 빠르다. Java나 C# 언어는 bytecode로 컴파일한 다음에 실행할 때 JIT compiler를 이용해서 다시 native machine code로 바꾸어진다.

본서에서는 Bash Shell Script와 JavaScript 프로그래밍에 대해서 간략히 알아보고 같은 기능을 하는 프로그램을 전통적인 C 언어를 사용해서 프로그래밍한다. BBB에서 기본적으로 제공하는 리눅스는 Debian 리눅스인데 이것의 기본 Shell이 Bash Shell이다. 또한 대부분 리눅스의 기본 Shell은 Bash Shell이므로 Bash Shell Script는 중요하다. BBB에서 기본적으로 제공하는 실행환경(Runtime Environment)이 Node.js인데 이것은 JavaScript를 사용한다. 따라서 이것도 중요하다.

2.2.1 Shell Script Programming

BBB에서는 기본 Shell로서 Bash Shell을 사용하는데 이 Shell에서 해석되는 스크립트를 Bash shell script라고 한다. 이 스크립트를 이용해서 프로그램을 만들어보자. USR3 LED를 ON/OFF/FLASH 시키는 프로그램을 그림 2.4와 같이 아주 간단하게 만들어보자. 기본적으로 가상 파일 시스템인 sysfs을 사용해서 LED를 제어하는 것이다. 즉, /sys/class/leds/beaglebone:green:usr3 디렉토리의 trigger, brightness, delay_on 및 delay_off 파일을 사용한다. 라인 1의 #!는 Shell이 어느 디렉토리에 있는지를 알려준다. 라인 2부터 쓰이는 #는 주석(Comment)을 의미한다. 따라서 라인 4는 주석이다.

```
bbb@Desktop: ~
1 #!/bin/bash
2
3 if [ "$1" == on ]; then
4 ### FLASH-ON doesn't work. FLASH-default-ON
5     echo none > /sys/class/leds/beaglebone:green:usr3/trigger
6     echo 1 > /sys/class/leds/beaglebone:green:usr3/brightness
7 elif [ "$1" == off ]; then
8     echo 0 > /sys/class/leds/beaglebone:green:usr3/brightness
9 elif [ "$1" == flash ]; then
10    echo timer > /sys/class/leds/beaglebone:green:usr3/trigger
11    echo 50 > /sys/class/leds/beaglebone:green:usr3/delay_on
12    echo 50 > /sys/class/leds/beaglebone:green:usr3/delay_off
13 fi
```

그림 2.4 USR3 ON/OFF/FLASH하는 Bash Script(led1.sh)

실행은 다음과 같이 한다.

```
#./led1.sh on
```

./를 쓰는 이유는 현재 디렉토리가 PATH에 없기 때문이다. 라인 3에서 $1은 첫 번째 argument를 의미한다. 이중 인용부호(Double Quote)를 잊지 않도록 한다. $0는 프로그램 자체 즉, ./led1.sh을 의미한다. 실행 시에 오류 메시지가 Permission denied로 나올 때에는 파일을 실행모드로 변경시켜줘야 한다.

```
#chmod 755 led1.sh
```

그림 2.4의 코드를 좀 더 보기 쉽고 친절하게 코딩한 것을 led2.sh로 만들고 그림 2.5에 나타내었다. 그러나 기본적인 기능이나 사용법은 동일하다. 에디터는 vi를 사용하는데 왼쪽에 라인 번호가 보이게 하는 명령어는 그림 2.5의 맨 밑에 있듯이 :set nu(mber)이다. (mber)은 생략가능하다.

```
bbb@Desktop: ~
#!/bin/bash

SYSFS_USR3=/sys/class/leds/beaglebone:green:usr3

if [ "$1" == on ]; then
   echo none > $SYSFS_USR3/trigger
   echo 1 > $SYSFS_USR3/brightness
   echo " LED is turned ON"
elif [ "$1" == off ]; then
   echo 0 > $SYSFS_USR3/brightness
   echo " LED is turned OFF"
elif [ "$1" == flash ]; then
   echo timer > $SYSFS_USR3/trigger
   echo 50 > $SYSFS_USR3/delay_on
   echo 50 > $SYSFS_USR3/delay_off
   echo " LED is FLASHing"
else
   echo "Usage is:"
   echo -e "./led2.sh on|off|flash \n"
   exit 0
fi
~
~
:set nu                                   1,1          All
```

그림 2.5 USR3 ON/OFF/FLASH하는 Bash Script(led2.sh)

led2.sh 코드에서 라인 3은 sysfs 디렉토리인 SYSFS_USR3를 자주 사용하므로 변수로 저장한 것이다. 라인 19에서 echo 뒤에 -e는 escape character를 enable시키기 위한 것이다. 디폴트는 disable이다. Shell script, JavaScript, C 언어 등에서 escape 문자는 \(backslash) 뒤에 문자가 온다. 즉 -e가 있으면 \n 명령이 실행된다. 라인 5와 같이 if로 시작하면 라인 21처럼 항상 fi로 끝나야 한다.

2.2.2 JavaScript Programming

위 코드와 동일한 기능을 하는 코드를 이번에는 Node.js에서 실행되는 JavaScript로 프로그래밍 해보자. 즉, Server-side JavaScript를 이용하는 것이다. 그림 2.6의 라인 1에서 process는 내장객체로서 어디서나 사용할 수 있는 전역객체이다. process.argv에서 process는 node라고 하고 argv는 name이라고 한다. 이것은 JavaScript에서 argument를 넘겨받을 때 사용한다. 실행하려면 다음과 같은 명령어를 사용한다.

```
#node led1.js on
```

node.js 프로그램 파일에서 led1.js 대신에 led1만 써도 된다. 즉,

```
#node led1 on
```

이와 같이 사용해도 된다. node는 뒤에 따라오는 파일이 확장자가 없으면 처음에 led1 파일을 읽으려 하고, 그 파일이 없으면 다음에는 js 확장자를 붙여서 메모리에 로딩한다. 그러나 led1.js 파일이 서브 디렉터리 안에 있으면 확장자 이름을 모두 써 주어야 한다.

그림 2.6의 라인 1에서와 같이 변수 args에 배열(array)을 할당하는데 args[2]는 명령줄에서 두 번째 아규먼트가 된다. args[0]는 프로그램 자체가 되는데 여기서는 node가 된다. process.argv.slice(1)라고도 쓰는데 이 때 slice는 command이다. 괄호 안의 숫자는 argument 1이 실제로는 첫 번째 아규먼트가 된다는 뜻이다. 즉, slice라는 command를 사용하지 않으면 디폴트로 slice(0)과 같다.

라인 4의 //는 주석이다. 라인 5에서 파일의 writeFileSync 메서드가 동작을 하기에

```
bbb@Desktop: ~
1 var args = process.argv;
2 var fs = require('fs');
3 if (args[2]== "on"){
4 // FLASH-ON doesn't work, FLASH-default-ON
5     fs.writeFileSync("/sys/class/leds/beaglebone:green:usr3/trigger", 'none');
6     fs.writeFileSync("/sys/class/leds/beaglebone:green:usr3/brightness", 1);
7 }
8 else if (args[2] == "off")
9     fs.writeFileSync("/sys/class/leds/beaglebone:green:usr3/brightness", 0);
10 else if (args[2] == "flash"){
11     fs.writeFileSync("/sys/class/leds/beaglebone:green:usr3/trigger", 'timer');
12     fs.writeFileSync("/sys/class/leds/beaglebone:green:usr3/delay_on", 50);
13     fs.writeFileSync("/sys/class/leds/beaglebone:green:usr3/delay_off", 50);
14 }
~
~
```

그림 2.6 USR3 ON/OFF/FLASH의 node.js 코드 (led1.js)

앞서 fs 모듈을 라인 2에서 require라는 내장 함수를 이용하여 내장 모듈 fs를 가져와서 객체 fs를 만든다. Java에서 사용하는 import와 유사하다.

```
bbb@Desktop: ~
var args = process.argv;
var SYSFS_USR3="/sys/class/leds/beaglebone:green:usr3"

function write_to_LED(dir, file, value) {
    var fs = require('fs');
    try {
        fs.writeFileSync(dir+file, value);
    }
    catch (error) {
        console.log("Writing to file is failed:" + dir+file);
    }
}

switch (args[2]) {
    case 'on':
        write_to_LED(SYSFS_USR3, "/trigger", 'none');
        write_to_LED(SYSFS_USR3, "/brightness", 1);
        console.log("LED is turned ON");
        break;
    case 'off':
        write_to_LED(SYSFS_USR3, "/brightness", 0);
        console.log("LED is turned OFF");
        break;
    case 'flash':
        write_to_LED(SYSFS_USR3, "/trigger", 'timer');
        write_to_LED(SYSFS_USR3, "/delay_on", 50);
        write_to_LED(SYSFS_USR3, "/delay_off", 50);
        console.log("LED is FLASHing");
        break;
    default:
        console.log("Usage is:");
        console.log("node led2 on|off|flash|help");
}
~
:set nu                                                    1,1          All
```

그림 2.7 USR3 ON/OFF/FLASH의 node.js 코드 (led2.js)

그림 2.6의 코드를 좀 더 보기 쉽고 친절하게 코딩한 것을 led2.js로 만들고 그림 2.7에 나타내었다. 그러나 기본적인 기능이나 사용법은 동일하다. 라인 4는 자주 사용하는 writeFileSync 함수와 sysfs 디렉토리를 이용하여 사용자 함수를 만든 것이다. 라인 10에서 console은 process와 함께 내장 객체이다.

2.3 C 언어 프로그래밍

Linux에서 C 언어로 "Hello World!"를 모니터에 프린트하는 프로그램을 작성하고 컴파일해보자.

```
bbb@Desktop: ~
#include <stdio.h>

int main(int argc, char *argv[]) {
    printf("Hello World!\n");
    return 0;
}
~
```

그림 2.8 hello.c

아래와 같이 gcc 컴파일러를 이용하여 컴파일하고 실행해보자.

```
#gcc hello.c –o helloc
#./helloc
```

그림 2.8과 같은 기능을 하는 프로그램을 C++ 언어를 이용해서 작성해보자.

```
bbb@Desktop: ~
#include <iostream>
using namespace std;

int main(int argc, char *argv[]) {
    cout << "Hello World!" << endl;
    return 0;
}
~
```

그림 2.9 hello.cpp

아래와 같이 g++ 컴파일러를 이용하여 실행파일을 만들고 이를 실행해보자.

```
#g++ hello.cpp –o hellocpp
#./hellocpp
```

이제 그림 2.7과 같은 기능, 즉 USR3 LED를 제어하는 프로그램을 C 언어로 만들어 보자.

```
#include <stdio.h>

int main(int argc, char* argv[]){
    FILE *fp1, *fp2, *fp3, *fp4;
    if(strcmp(argv[1],"on")==0){
        fp1=fopen("/sys/class/leds/beaglebone:green:usr3/trigger", "w+");
        fprintf(fp1, "%s", "none");
        fclose(fp1);
        fp2=fopen("/sys/class/leds/beaglebone:green:usr3/brightness", "w+");
        fprintf(fp2, "%d", 1);
        fclose(fp2);
    }
    else if(strcmp(argv[1],"off")==0){
        fp2=fopen("/sys/class/leds/beaglebone:green:usr3/brightness", "w+");
        fprintf(fp2, "%d", 0);
        fclose(fp2);
    }
    else if (strcmp(argv[1],"flash")==0){
        fp1=fopen("/sys/class/leds/beaglebone:green:usr3/trigger", "w+");
        fprintf(fp1, "%s", "timer");
        fclose(fp1);
        fp3=fopen("/sys/class/leds/beaglebone:green:usr3/delay_on", "w+");
        fprintf(fp3, "%s", "50");
        fclose(fp3);
        fp4=fopen("/sys/class/leds/beaglebone:green:usr3/delay_off", "w+");
        fprintf(fp4, "%s", "50");
        fclose(fp4);
    }
}
```

그림 2.10 USR3 LED를 제어하는 C 코드 (led1.c)

그림 2.10과 같은 기능을 하는 좀 더 자세하고 친절한 C 코드를 작성한 것이 그림 2.11이다. fgetc 함수를 이용하여 파일을 복사하는 cp와 같은 C 코드를 작성하고, fgets 함수를 이용하여 파일을 읽어보는 cat과 같은 C 코드를 만들어보자.

```
#include <stdio.h>
#define SYSFS_USR3 "/sys/class/leds/beaglebone:green:usr3"

void write_to_LED(char filename[], char value[]);

int main(int argc, char* argv[]){
    FILE *fp1, *fp2, *fp3, *fp4;
    if(strcmp(argv[1],"on")==0){
        write_to_LED("/trigger", "none");
        write_to_LED("/brightness", "1");
    }
    else if(strcmp(argv[1],"off")==0)
        write_to_LED("/brightness", "0");
    else if(strcmp(argv[1],"flash")==0){
        write_to_LED("/trigger", "timer");
        write_to_LED("/delay_on", "50");
        write_to_LED("/delay_off", "50");
    }
    else if (strcmp(argv[1], NULL)==0) {
        printf("Usage is\n");
        printf("./led2 on|off|flash\n");
        return 0;
    }
}

void write_to_LED(char file[], char value[]) {
    FILE* fp;   //create a file pointer fp
    char pathname[100];
    sprintf(pathname, SYSFS_USR3 "%s", file);
    fp = fopen(pathname, "w+");
    fprintf(fp, "%s", value);
    fclose(fp);
}
```

그림 2.11 USR3 LED를 제어하는 C 코드 (led2.c)

다음엔 sprintf 함수를 비롯한 GNU C Library의 주요 함수들의 원형(prototype)을 나타낸다.

```
int sprintf(char *buffer, const char *format, ...);
FILE *fopen(const char *filename, const char *mode);
int fscanf(FILE *stream, const char *format [,argument ]...);
int fprintf(FILE *stream, const char *format [,argument ]...);
char *fgets(char *string, int n, FILE *stream);
int fputs(const char *string, FILE *stream);
```

CHAPTER 3

디지털 및 아날로그 액세스

3.1 BBB PIN Headers

BBB 핀은 크게 나누어서 P8과 P9 헤더로 나뉜다. 그라운드(Ground)는 GND 또는 DGND(Digital Ground)로 표시되며 PCB에서 가장 많은 면적을 차지한다. P8_1, P8_2, P9_1, P9_2, P9_43, P9_44, P9_45, P9_46과 같이 8개의 핀이 GND로 제공된다. GND는 전압 0 V를 의미한다.

전압은 3.3 V와 5 V가 출력된다. 3.3 V는 VDD_3.3V 핀에서 출력되며 P9_3과 P9_4 핀이 최대 전류 250 mA를 공급한다. 공급 전류를 소스(Source) 전류라고 한다. 반대로 소비하는 전류를 싱크(Sink) 전류라고 한다. 5 V 전압은 VDD_5V로 표시되는 핀인데 P9_5와 P9_6이고 최대 공급전류는 1,000 mA이다. 그런데 이것은 5 V 외부 Power Adapter로 전원을 사용했을 경우이다. 만약에 USB로 전원을 공급할 경우에는 이들 핀에서는 전압이 나오지 않게 된다. 대신에 P9_7과 P9_8 핀(SYS_5V)에서 5 V가 공급되는데 이때의 최대 전류는 250 mA가 된다. 5 V Power Adapter를 사용했을 경우는 VDD_5V 뿐만 아니라 SYS_5V에서도 전압이 공급된다.

P8_7, P8_8과 같이 GPIO로 표시된 핀들은 디지털 입력 및 출력으로 동작하는 핀을 나타낸다. 입력과 출력은 그때그때 필요에 따라 미리 지정해야 한다. 따라서 GPIO (General Purpose Input Output)으로 불린다. 디지털 입출력은 0 V와 3.3 V를 받고 또

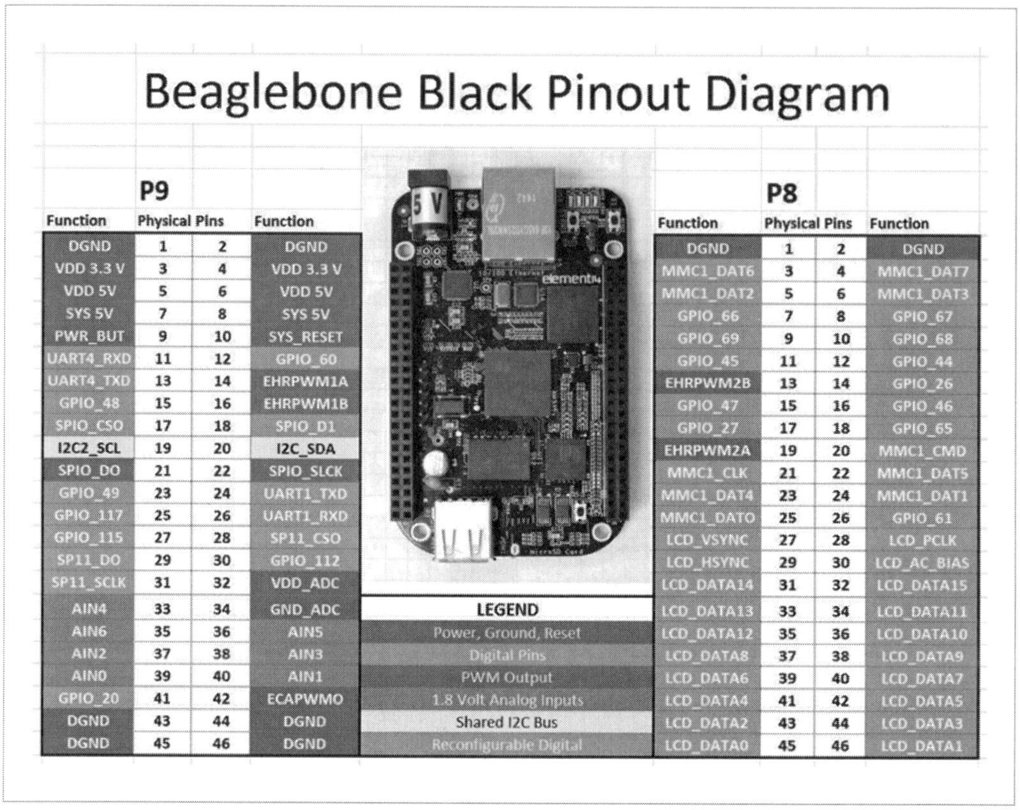

그림 3.1 BBB의 P8, P9 PIN Headers

내보내는 기능을 한다. 이때 공급/소비 전류(Source/Sink Current)는 핀에 따라서 약간씩 다르며 4-6 mA가 된다.

디지털 입출력뿐만 아니라 아날로그 입출력 기능이 있는데 AIN0(P9_39)부터 AIN6(P9_35)까지 총 7개 핀이 아날로그 입력 핀이다. 이 때 입력 전압의 범위는 0~1.8 V까지이다. P9_32(VDD_ADC)는 1.8 V의 전압을 출력하는데 아날로그 입력을 위해서 기준(reference) 전압으로 동작한다. 이것은 4장 트랜스듀서의 제어의 조도 센서 편에서 자세히 기술될 것이다.

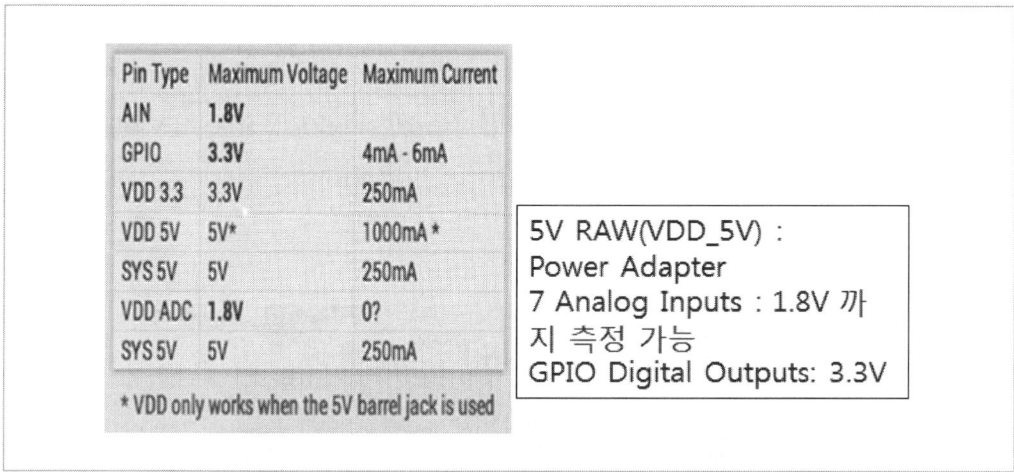

Pin Type	Maximum Voltage	Maximum Current
AIN	1.8V	
GPIO	3.3V	4mA - 6mA
VDD 3.3	3.3V	250mA
VDD 5V	5V*	1000mA *
SYS 5V	5V	250mA
VDD ADC	1.8V	0?
SYS 5V	5V	250mA

* VDD only works when the 5V barrel jack is used

그림 3.2 파워(Power) 및 그라운드(ground)의 핀

3.2 디지털 액세스(Digital Access)

이제부터는 BBB 하드웨어와 그에 따르는 제어 프로그램을 작성해서 BBB 시스템의 동작 상태를 살펴보는데 프로그래밍 언어는 Node.js 환경하에서 JavaScript를 사용한다. 액세스는 Write와 Read의 동작을 한 번에 말할 때 쓴다. 이 때 기준은 BBB의 AM335x 프로세서가 되며 Write 동작은 프로세서가 외부로 전압을 보낸다 또는 라이트(Write)한다는 뜻이다. 즉, 프로세서로부터 디지털 논리 값 0/1(전압으로는 0 또는 3.3 V)이 GPIO 핀(OUTPUT 모드)을 통해서 출력된다는 뜻이다. 반대로 Read 동작은 프로세서가 외부의 논리 값 0/1(전압으로는 0 또는 3.3 V)을 GPIO 핀(INPUT 모드)을 통해서 측정 즉, 읽는다는 뜻이다. 정리하면, 기준은 AM335x 프로세서가 되고 전압을 Write한다는 말은 "내 보낸다/출력한다"라는 말과 같은 뜻이다. 또한 Read한다는 말은 "들여보낸다/입력한다"라는 말과 동일하다.

3.2.1 DigitalWrite

먼저 DigitalWrite 동작부터 살펴보자. 일반적으로 Write 동작이 Read 동작보다 더

간단하기 때문에 먼저 설명한다. 개념적으로 보면 디지털 핀인 GPIO 핀에 0 V 또는 3.3 V가 출력되는 것이다. BBB가 행위의 주체로서 외부로 신호를 출력, 즉 Write하는 것이다. 이 행위 전에 미리 사용하는 GPIO 핀이 출력(Output) 용도로 사용된다는 것을 BBB에게 알려주어야 한다.

그림 3.3 디지털 전압 측정

그림 3.3과 같이 멀티미터(또는 테스터(Tester))를 사용하여 DGND 핀(P8_2)과 GPIO 핀(P8_10) 사이의 전압을 측정한다. 전압 측정 전에 그림 3.4와 같은 프로그램(digitalWrite.js)을 실행시켜야 한다. 라인 1의 //는 주석을 의미한다. 핵심적인 라인은 라인 6인데 여기에서 GPIO 핀에게 1을 Write한다. 즉, 3.3 V를 핀에게 출력하게 한다. 이것은 digitalWrite() 함수를 이용하는데 JavaScript에서는 이런 함수를 메서드(Method)라고 하고 메서드 앞의 b를 객체(Object)라고 한다. 즉 함수를 사용하려면 객체.메서드로 구성하여 사용한다. digitalWrite() 하기 전에 우선 GPIO 핀 (P8_10)을 출력(OUTPUT) 모드로 사용한다고 지정해야 하는데 이것은 pinMode() 메서드를 이용한다.

```
ubuntu@arm: ~
1 //digitalWrite.js
2
3 var b = require('bonescript');
4 var pin = "P8_10";
5 b.pinMode(pin, b.OUTPUT);
6 b.digitalWrite(pin,1);
~
:set nu                                        1,1           All
```

그림 3.4 digitalWrite.js

라인 5와 6의 메서드(pinMode(), digitalWrite())들은 모두 b라는 객체에서 동작하는 메서드들이다. 따라서 라인 3에서 bonescript 내장 모듈을 require해서 객체 b를 만든다. bonescript 모듈은 그 이름에서 알 수 있듯이 특별히 BBB를 위해서 만든 nodejs 라이브러리이다. 라인 5에서 b.pinMode(pin, b.OUTPUT); 대신에 b.pinMode(P8_10, b.OUTPUT);이라고 써도 되는데 이때는 라인 4는 필요 없게 된다.

실습 3.1 | Digital Write

1. 디지털 멀티미터와 점퍼선 2개(빨강색과 검정색)를 준비하다.
2. P8_2 (DGND, Digital Ground)에 검은 색 점퍼 선을 연결한다.
3. P8_10 (GPIO68)에서 3.3V가 출력되므로 빨강색 점퍼 선을 연결한다.
4. digitalWrite.js 코드를 작성한다.
5. 코드를 아래와 같이 실행한다.
   #node digitalWrite.js

6. 디지털 멀티미터를 사용하여 전압을 측정한다. (3.3V 출력)
7. 라인6에서 b.digitalWrite(pin, 0)으로 수정 후에 코드를 실행하고 전압을 측정한다. (0V 출력)

3.2.2 DigitalRead

BBB의 AM335x 프로세서 외부로부터 입력되는 전압을 판단하여 이것이 논리 값 0인지 1인지를 판단하는 프로그램을 작성해보자. 그림 3.5에 digitalRead.js 코드를 나타낸다.

```
bbb@Desktop: ~
1 //digitalRead.js
2
3 var b = require('bonescript');
4 var pin = "P9_12";
5 b.pinMode(pin, b.INPUT);
6 function readInput() {
7     var reading = b.digitalRead(pin);
8     console.log(reading);
9 }
10 setInterval(readInput, 1000);
~
```

그림 3.5 digitalRead.js

digitalRead 프로그램도 digitalWrite 프로그램과 마찬가지로 프로그램을 실행시키면 곧 바로 Read 동작을 할 것이다. 그러나 Read는 Write와 다르게 얼마나 자주 리드하는가를 결정해야 한다. 라이트는 한 번만 실행하면 다음 실행하기 전까지는 GPIO 핀에서 값이 계속 유지된다. 그러나 리드 동작은 0.5초간 유지되는 외부 전압도 BBB의 GPIO 핀에서 읽을 수 있어야 한다. 얼마나 짧은 시간 동안의 전압을 읽을 수 있는가는 하드웨어의 성능에 따라 다르다.

digitalRead.js 프로그램에서 라인 10이 중요하다. setInterval(param1, param2) 함수는 param2 주기로 param1의 함수를 수행하라는 뜻이다. 여기서는 1000 msec, 즉 1초

마다 readInput 함수를 주기적으로 수행한다. readInput은 함수로서 라인 6에서 정의되어 있다. 라인 7에서 digitalRead() 메서드를 통해서 외부 전압 값을 읽고 그 결과를 변수 reading에 할당한다. 나머지 라인들은 digitalWrite 동작과 같다. 단, 라인 5의 pinMode() 메서드에서 두 번째 파라미터(Parameter)는 INPUT이어야 한다. 즉, BBB 프로세서가 P9_12의 신호 전압을 Read 즉, 읽는(측정하는) 것이다.

실습 3.2 | Digital Read

1. P9_12에 3.3V를 입력한다. 즉, P9_4(VDD_3.3V)에서 나오는 3.3V를 점퍼 선으로 P9_12에 연결한다.
2. digitalRead.js 코드를 작성하고 실행한다.
   #node digitalRead.js
3. 모니터에서 1을 확인한다.
4. P9_12에 0V를 입력한다. 즉, P9_2(DGND, Digital Ground)에서 나오는 0V를 점퍼 선으로 P9_12에 연결한다.
5. 모니터에서 0을 확인한다.

3.3 아날로그 액세스(Analog Access)

아날로그 동작은 디지털 동작보다 복잡하기 때문에 디지털 액세스 뒤에 학습하게 된다. 이번에도 라이트 동작이 리드 동작보다 쉽기 때문에 라이트를 먼저 학습한다. 이번에도 동작의 주체는 AM335x 프로세서이다. 동작의 대상 목표물은 BBB 외부 디바이스이다. 즉, BBB 프로세서가 외부로 아날로그 전압을 보내는 동작과, 외부의 아날로그 전압을 BBB 핀으로 측정하는 동작을 학습한다. 이때의 핀은 디지털 핀이 아니고 아날로그 핀을 사용한다.

3.3.1 analogWrite

아날로그 전압이 출력될 수 있는 핀은 PWM(Pulse Width Modulation) 핀에서만 가능하다. BBB는 모두 8개의 PWM 핀을 제공하지만 디폴트로 4개만 사용가능하다. 나머지 핀들은 소프트웨어적으로 Enable 작업을 해야 한다. PWM 핀들은 P8_13, P8_19, P9_14, P9_16인데 이것들은 모두 출력 핀들이다. 출력 전압은 0~3.3 V의 가변 전압(아날로그 전압)이다.

PWM은 펄스폭을 이용해서 전압의 크기를 변화시키는 방법이다. 그림 3.6과 같이 펄스의 한 주기(주기 Period는 주로 T로 표시하며 단위는 시간이다.)를 0.5 msec라고 하자. 이때 두 번째 주기에서 전압 3.3 V가 나오는 구간은 한 주기에서 25% 동안만 나오게 된다. 이때 듀티 싸이클(Duty Cycle)은 25%가 된다. 이것을 듀티 비로는 1:4, 듀티 비율로는 1/4=0.25가 되며, 이때의 평균 전압은 3.3 V x 0.25=0.825 V가 된다. 네 번째 주기처럼 3.3 V가 75%인 PWM 신호의 평균 전압은 3.3 V x 0.75=2.475 V가 된다. 그림 3.6의 오른쪽은 analogWrite()의 회로도이다.

이제 프로그램 코드를 보자. 그림 3.7에서 analogWrite.js 코드가 있다. 라인 6이 핵심 코드인데 analogWrite(pin, 05) 메서드는 pin(이것은 PWM 핀이어야 함)에게 듀티 비율 0.5로 출력전압을 보내라는 함수이다. 즉, 핀 P8_13에서 3.3 V x 0.5=1.65 V가 출력된다. PWM 핀은 디지털 핀이 아니고 아날로그 출력 핀이므로 pinMode() 함수를 사용하면 안 된다. 그림 3.7에서 라인 5는 삭제되어야 한다.

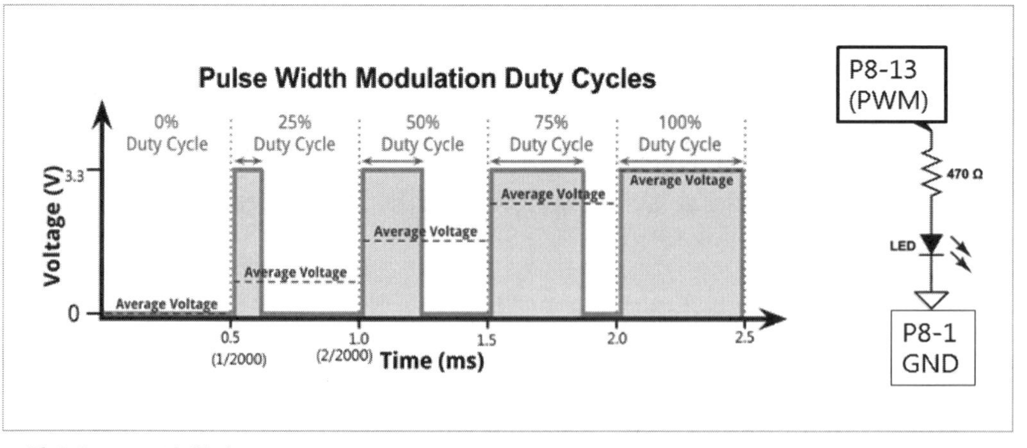

그림 3.6 PWM의 원리

```
bbb@Desktop: ~
1 //analogWrite.js
2
3 var b = require('bonescript');
4 var pin = "P8_13";
5 b.pinMode(pin, b.OUTPUT);
6 b.analogWrite(pin, 0.5);
~
```

그림 3.7 analogWrite.js

실습 3.3 | Analog Write (PWM이용)

1. P8_2 (GND)에 검은 색 점퍼 선을 연결한다.
2. P8_13(PWM2B)에 빨강색 점퍼 선을 연결한다.
3. analogWrite.js 코드를 작성하여 실행한다.
   #node analogWrite.js
4. 디지털 멀티미터를 사용하여 P8_13과 P8_2 사이의 전압을 측정한다.(1.65V)
5. 코드의 라인 6의 b.digitalWrite(pin, 0.5)에서 0.5 대신에 다른 실수 값(0.0~1.0)으로 수정 후에 실행하고 다시 전압을 측정한다.

3.3.2 analogRead

아날로그 리드는 아날로그 라이트 동작보다 조금 더 복잡하다. 핵심적인 코드는 analogRead(pin, Callback_func) 메서드인데 이 메서드는 pin에서 전압을 측정을 지시하고 측정이 완료되면 Callback_func이라는 콜백함수(Callback function)를 실행한다. 콜백함수를 사용하는 것은 아날로그 전압을 측정하는데 시간이 걸리기 때문이다. 즉, BBB 프로세서가 아날로그 입력 핀에 들어오는 전압(아날로그 값)을 디지털 값으로 변환한 후에 읽기 때문이다. 아날로그 전압 값을 디지털 값으로 변환하는 과정을 ADC(Analog-to-Digital Conversion)라고 부른다. 이 프로세스는 현대의 컴퓨터/전자공학에서 매우 자주 사용되는 과정이다. 2진수 밖에 처리할 수 없는 컴퓨터가 온도/습도/조도 같은 아날로그 센서 값을 측정하는 원리가 바로 이 ADC 프로세스를 수행하기 때문이다. ADC

의 성능에는 얼마나 정확하게 측정하는가를 나타내는 분해능(Resolution)이 있다. BBB에서는 12 bit resolution 즉, 2^{12} = 4,096개로 아날로그 입력전압을 잘라서 디지털 값으로 변환한다. 또한 샘플링 시간(Sampling Time)이란 항목도 있는데 얼마나 빨리 측정하는가를 나타낸다. BBB에서는 125 ns이다. 즉, 125 ns만 측정해서 외부 아날로그 전압을 측정할 수 있다는 말이다. 측정 전압 범위는 0~1.8 V이다. 그 이상을 넘는 전압측정은 안 되며 BBB 보드에 손상을 줄 수 있다. 아날로그 값을 측정하려면 일반적인 디지털 GPIO 핀을 사용할 수 없다. P9_39(AIN0) 핀 같이 아날로그 입력 전용 핀을 사용해야 한다. 이러한 핀은 모두 7개가 제공된다. BBB는 P9_39(AIN), P9_40(AIN1), P9_37(AIN2), P9_38(AIN3), P9_33(AIN4), P9_36(AIN5), P9_35(AIN6)를 아날로그 입력 전용핀으로 사용한다. BBB는 보다 정밀한 측정을 위하여 노이즈(Noise)가 감소된 ADC 그라운드(GND_ADC)인 P9_34번 핀을 그라운드로 사용한다. 그림 3.8은 analogRead.js 파일을 나타낸다.

```
bbb@Desktop: ~
 1 //analogRead.js
 2
 3 var b = require('bonescript');
 4
 5 function readVoltage() {
 6     b.analogRead('P9_39', printVoltage);
 7 }
 8
 9 function printVoltage(reading) {
10     var voltage = reading.value * 1.8;
11     console.log(voltage);
12 }
13
14 setInterval(readVoltage, 500);
```

그림 3.8 analogRead.js

digitalRead 동작과 마찬가지로 라인 14에서 500 ms마다 readVoltage() 함수를 실행하여 아날로그 전압을 측정한다. 이 전압은 1.8 V이하여야 한다. 측정함수는 readVoltage 함수인데 라인 5에 정의되어 있다. 이 함수는 라인 6의 한 줄인데 결국 analogRead() 메서드이다. P9_39(AIN0) 핀을 이용해서 아날로그 전압을 측정하라는 말이고, ADC 측정이 완료되면 printVoltage() 함수를 실행하라는 말이다. 이때 printVoltage와 같이 메서드 안에 파라미터로 주어지는 함수를 콜백(Callback) 함수라고 한다. 측정이 완료되면 나중에 다시 호출한다는 뜻이다. printVoltage() 함수는 다시 라인 9에 정의되어 있다. 라인 10에서 reading.value 값은 0~1 사이의 실수이다.

실습은 아래 그림 3.9와 같이 수행한다. 1.8 V 이하의 전압을 측정하기 위해서 사용이 완료된 건전지의 전압을 측정해보자. 새 건전지는 1.5 V를 넘어서 1.8 V에 근접할 수 있으므로 측정을 피한다.

그림 3.9 analogRead를 이용한 배터리 전압 측정

실습 3.4 | Analog Read (ADC 이용)

1. P9_34 (GND_ADC)에 검은색 점퍼 선을 연결한다.
2. P9_39 (AIN0)를 빨강색 점퍼 선으로 연결한다.
3. analogRead.js 코드를 작성하고 실행한다.
4. 사용 중인 배터리 전압을 측정한다.(새 배터리는 1.8V를 넘길 수 있으므로 BBB를 고장낼 수 있다. 측정 전압은 0~1.8V 사이를 나타낸다.)

CHAPTER

4 트랜스듀서(Transducer) 제어

4.1 트랜스듀서의 의미

트랜스듀서는 한 형태의 에너지(또는 신호)에서 다른 형태의 에너지(또는 신호)로 바꾸어주는 장치(device)이다. 이 장치를 크게 나누어서 센서(Sensor)와 액추에이터(Actuator)라고 부른다. 센서는 일반적으로 인체의 5감과 관계있는 부품을 말한다. 온도, 습도 및 조도센서가 대표적인 예이다. 조도센서는 빛 신호를 저항 값으로 바꾸고, 온도 센서는 열에너지를 전압 신호로 바꾸어주는 장치이다. 이와 반대로 액추에이터는 모터가 유명한데 출력부분을 담당하는 부품이다. 이것은 전기 에너지를 운동 에너지로 바꾸어준다. 본 교재에서는 센서로서 조도 및 온도센서를 사용하고 액추에이터는 모터 대신에 LED를 사용한다. 그 이유는 모터를 구동시키려면 트랜지스터(transistor)를 사용해서 전류를 증폭시켜야 하므로 추가 회로가 필요하기 때문에 실습을 단순화시키기 위해서 모터 대신에 LED를 사용한다.

우리는 1장의 그림 1.1에서 시스템에 대하여 알아보았다. 센서는 그림 4.1에서와 같이 시스템에서 입력 신호로서 사용된다. 컴퓨터 시스템에서는 센서 대신에 키보드와 마우스를 사용한다고 볼 수 있는데 일반적으로 키보드와 마우스는 센서로 부르지는 않는다. 마찬가지로 출력 장치인 모니터와 프린터 등은 액추에이터라고 부르지는 않는다.

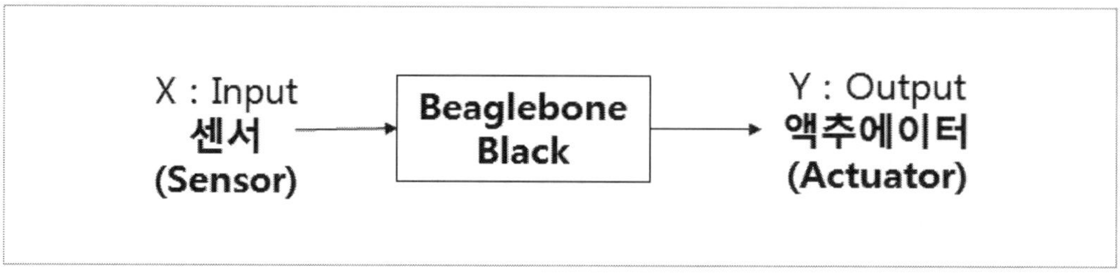

그림 4.1 센서 vs. 액추에이터

4.2 전자부품

전자회로에서는 중요한 부품 세 개가 있는데 저항(Resistor), 커패시터(Capacitor), 그리고 인덕터(Inductor)가 그것이다. 커패시터와 인덕터는 시간과 주파수의 개념이 들어가므로 약간 복잡하므로 본 임베디드 교재에서는 다루지 않는다. 그러나 저항으로 이루어진 회로는 시간과 주파수 개념이 들어가지 않으므로 임베디드 시스템이나 소프트웨어 개발자도 쉽게 이해할 수 있다. 따라서 이 장에서는 우선 저항, 다이오드 및 기타 많이 사용되는 부품들에 대하여 알아보자.

4.2.1 저항(Resistor)

저항은 전기 회로에서 전류의 흐름을 방해하는 작용을 한다. 많이 사용되는 탄소피막 저항은 그림 4.2와 같은 모습이다. 겉에 탄소 피막을 사용한 것으로 정격 전력으로 1/2, 1/4, 1/8 W(Watt)의 것이 많이 사용되며 5% 오차의 저항이 많이 사용된다.

저항은 외부에 4개 정도의 막대 띠가 있는데 이 띠를 계산함으로써 저항 값을 알 수 있다. 물론 멀티 테스터로 저항 값을 측정할 수도 있다. 저항의 단위는 옴(Ohm, Ω)을 사용한다. 공장에서 생산할 때 모든 값의 저항을 생산하지 않고 많이 사용되는 저항만 생산한다. 예를 들어서 100Ω, 470Ω, 1kΩ, 10kΩ 등이 있다. 그림 4.3의 맨 위 저항을 보면, 왼쪽 첫 번째 띠가 빨강색이므로 우측 표에서 2라는 것을 알 수 있고 다음 띠가 주황색이므로 3이다. 초록색은 5인데 이것은 0의 갯수가 5개라는 뜻이므로 저항 값은

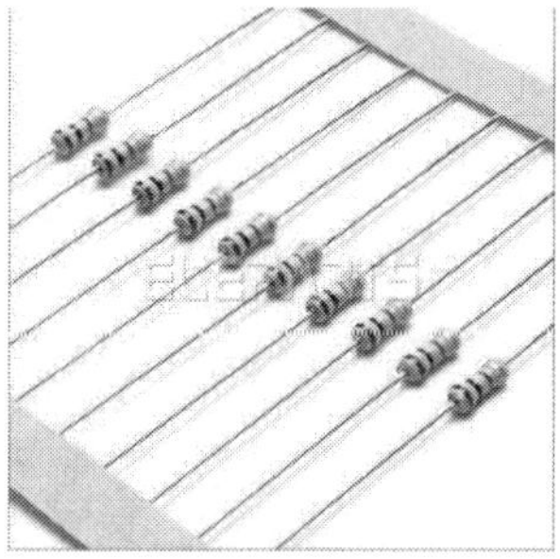

그림 4.2 저항(Resitor)

2,300,000옴, 즉 2.3 MΩ을 뜻한다. 편의상 2.3 MΩ의 예를 든 것이고 이렇게 큰 저항은 요즘은 잘 사용되지 않는다. 전자회로를 주로 개발하는 전자공학 전공자는 이 표를 외우는 게 편하겠지만 간단한 회로를 구성하는 임베디드 개발자에겐 필요 없을 것이라 생각된다.

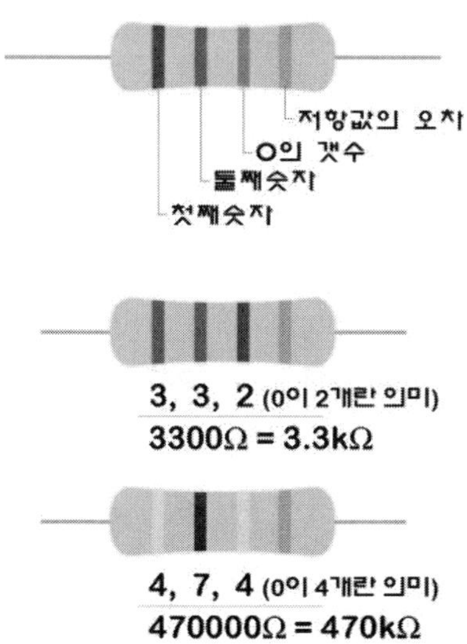

색	값
검정색	0
갈 색	1
빨강색	2
주황색	3
노란색	4
초록색	5
파란색	6
보라색	7
회 색	8
하얀색	9
은 색	±10%
금 색	± 5%

그림 4.3 저항의 막대 띠를 이용한 저항 값 계산

저항을 전자회로 기호(Symbol)로 그리면 그림 4.4와 같이 표현한다. 이것은 두 개의 저항을 병렬 연결한 것을 보여준다. 병렬연결은 전류의 흐름을 분산시킴으로써 저항 한 개가 담당하는 전류의 흐름 저항이 낮아지고, 전체적으로 저항을 낮추는 효과를 보인다. 직렬연결은 저항을 두세 번 연속 사용함으로써 전류의 흐름을 그 만큼 더 방해하므로 저항의 크기를 증가시키는 효과를 낸다. 아래 병렬연결 저항의 크기는 1/(1/3+1/2)=6/5 Ω이다. 이러한 계산은 머리로 이해하고 그 다음엔 몸으로 체화하는 과정이 필요하다. 2 Ω 저항 두 개가 병렬 연결되면 1Ω이 된다. 3Ω 저항 두 개가 병렬이면 1.5Ω이 된다. 그런데 그림 4.4에서 2Ω과 3Ω이 병렬 연결되니까 전체저항 χ는 1〈χ〈1.5가 된다.

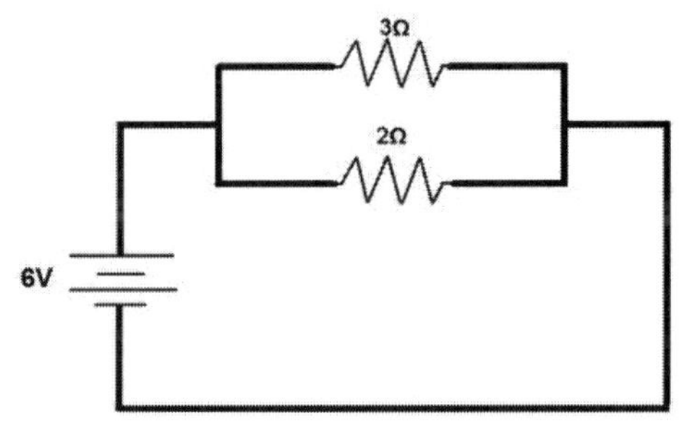

그림 4.4 저항의 전자 기호

4.2.2 다이오드(Diode), 발광 다이오드(LED)

다이오드는 실리콘(Silicon)이나 게르마늄(Germanium)으로 만들어진 부품으로, 전류를 한 쪽 방향으로만 흐르게 하는 성질을 갖고 있다. 따라서 +(양극, 애노드, Anode)와 –(음극, 캐소드, Cathode) 극을 갖고 있다. 발광 다이오드(LED)는 순방향 전압을 가했을 때 빛이 나오는 다이오드를 말한다. 다이오드의 +극에 전지의 +극을 연결하고 다이오드의 –극에 전지의 –극을 연결하는 것을 순방향 전압회로라고 부르며 그 반대는 역방향 전압회로라고 한다. 순방향 회로일 때 전류가 흐르며 역방향 회로에서는 전류가 흐르지 않는다. 그림 4.5에서 보면 다이오드의 한 쪽에 띠가 보이는데 이곳이 – 극이다.

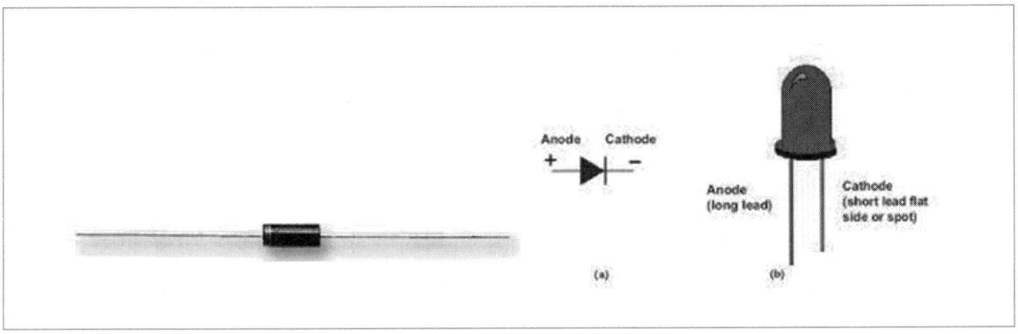

그림 4.5 다이오드(왼쪽)와 LED(오른쪽)

LED에서 보면 다리가 짧은 쪽이 - 이다. 그림 4.5의 가운데가 다이오드의 전자회로 기호를 나타낸다.

4.2.3 빵판(Breadboard)

빵판은 인두(Iron)를 사용하지 않고 전자부품을 연결할 때 사용하며 그림 4.6에 외관을 나타낸다. 그림 4.6에서 보면 맨 윗줄은 빵판 내부에서 가로로 서로 연결되어 있다. 가로로 연결된 라인이 위에 두 개, 맨 아래에 두 개가 있다. 맨 아래는 주로 GROUND를 연결하고 윗줄은 양의 전압을 연결한다. 세로줄은 한 줄에 다섯 개의 구멍으로 이루어졌는데 이 다섯 개의 구멍은 서로 내부에서 연결되어 있다. 가로 줄과 세로 줄은 서로 분리되어 있다.

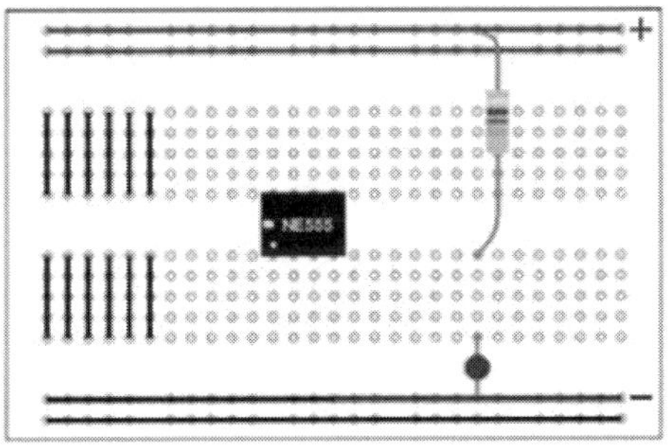

그림 4.6 빵판(Breadboard)

4.3 전자회로 기초

전자회로 이론의 근간을 이루는 것은 옴의 법칙(Ohm's Law)이다.

V : 전압 (Voltage), I : 전류 (Current), R : 저항 (Resistor)일 때 I=V/R (V=IR) 이 성립한다. 즉, 회로에 흐르는 전류는 전압에 비례하지만 저항에는 반비례한다. 단순한 이 식을 머리로 이해하고 외우는 것은 물론 그 의미를 잘 생각하고 체험화 된 지식으로 간직해야 한다. 전압 = 전류×저항이며, 거리=시간×속도 같은 방법으로 외우길 바란다. 전류 크기는 저항이 크면 당연히 작아진다. 전기의 흐름(전류)은 크게 저항하는 장치가 있으면 약해지기 마련이다. 이것은 매우 중요한 개념이니 독자들은 꼭 기억하기 바란다.

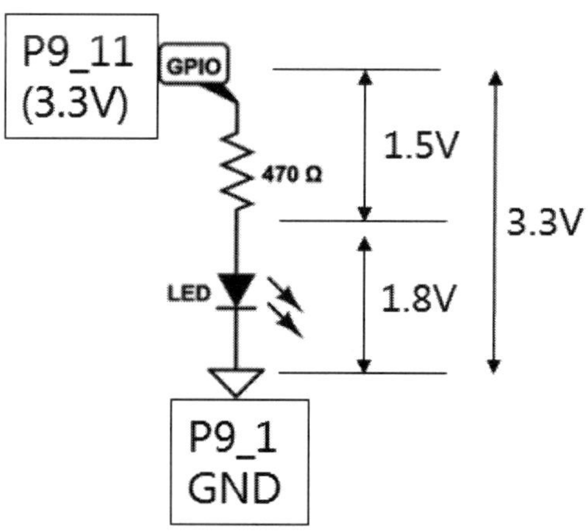

그림 4.7 LED 회로

그림 4.7의 회로에서 보면 LED는 BL-B5134인데 부록1에 있는 명세서 또는 데이터 쉬트(Datasheet)를 보면 그림 4.8과 같은 순방향 전압(Forward Voltage) vs. 순방향 전류(Forward Current)에 관한 그래프가 있다. 이 그래프를 보면 전압이 약 1.8 V에서 전류가 약 4 mA가 흐른다. 이 전압을 넘게 되면 급격하게 전류가 흐르게 된다. 그러나 회

로에서 GPIO 핀의 소스 전류가 4 mA를 넘지 못하므로 LED에 흐르는 전류는 저항에 흐르는 전류와 동일하게 4 mA가 흐르게 된다. 이 때 LED의 순방향 전압은 그래프에서 1.8 V가 된다. 이를 표현할 때 "LED에 1.8 V의 순방향 전압이 걸린다"라고 말한다. 이 때 그림 53의 회로에서 저항에 걸리는 전압은 3.3-1.8=1.5 V가 걸리게 된다. 이 때 저항 값은 R=V/I=1.5V/0.004A=375Ω이 된다. 그러나 실제 375Ω 저항은 없고 470Ω만 생산된다. 따라서 저항에 흐르는 전류를 다시 계산하면 I=V/R=1.5V/470Ω=3 mA가 된다.

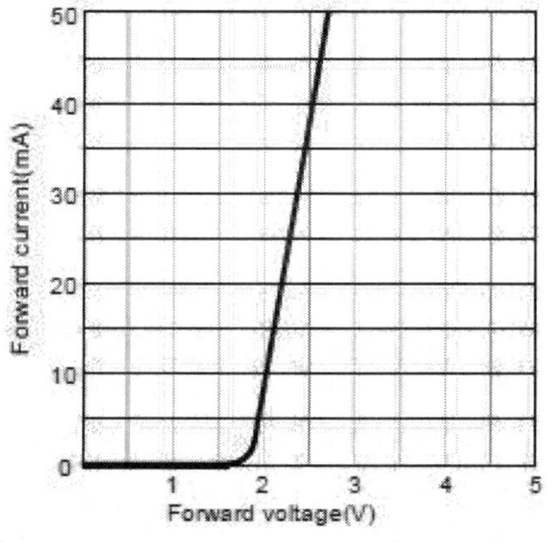

그림 4.8 순방향 전압 vs. 순방향 전류

4.4 digitalWrite와 digitalRead의 응용

처음에 가장 간단한 digitalWrite() 메서드를 이용하여 빨강색 LED를 깜박이게(blink) 하는 프로그램을 작성하고 이를 실험한다. 둘째는 digitalRead() 메서드를 이용하여 스위치의 상태를 읽고 digitalWrite()를 이용하여 LED를 키고 끄는 회로와 프로그램을 작성한다. 셋째는 analogWrite() 메서드를 이용하여 RGB LED의 밝기를 제어하는 프로그램을 작성하고 실험한다. 넷째는 analogRead() 메서드를 사용하여 온도센서와 조도센서 값을 읽는 회로와 프로그램을 작성한다.

4.4.1 digitalWrite( ) 메서드를 이용한 LED의 Blink

LED를 키고 끄는 동작을 하기 위해서는 digitalWrite() 메서드를 이용한다. 이를 위한 전자회로를 그림 4.7의 회로를 보고 빵판에 구성한다. 회로에서 LED의 음극에 역삼각형 모양이 있는데 이것은 그라운드를 의미한다. 회로 구성이 완료된 결과는 그림 4.9에 보인다. 그림 4.9는 회로구성의 결과이지 이것을 참조하여 회로 구성을 하라는 의미는 아니다. 그림 4.7의 회로에서 GPIO(P9_11) 핀에서 나오는 3.3 V(소스 전류는 4 mA 정도)를 저항의 한 끝에 연결한다. 즉, 이때의 GPIO 핀은 OUTPUT 모드로 지정되어야 한다. 그리고 DGND(P9_1) 핀을 LED의 음극(짧은 다리)에 연결한 다음에 저항과 LED의 양극을 연결하면 된다.

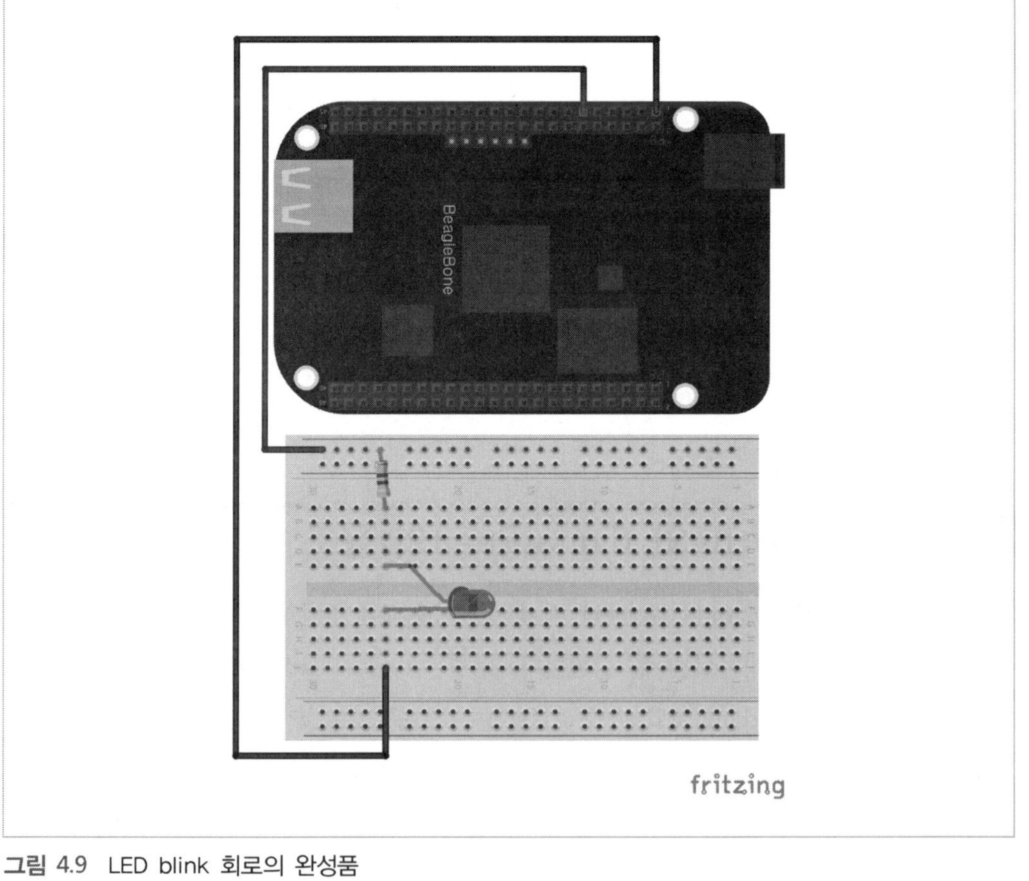

그림 4.9 LED blink 회로의 완성품

전자회로를 구성하였으면 이를 제어하기 위한 프로그램을 작성해서 완전한 Blink 시스템을 구성한다. 코드(blink.js)는 그림 4.10에 나타낸다. 라인 11에서 500 ms 주기로 toggleLED 함수가 실행되는데 이 함수는 라인 7에 정의되어 있다. 라인 8은 변수 state의 값을 0과 1을 교대로 나타내기 위함이다. 이를 위해서 ⊕ 연산자 즉, 배타적 OR(Exclusive OR)를 사용하는데 ^ (Circumflex)를 사용한다. 즉 라인 9에서 500 ms 마다 digitalWrite(P9_11, state) 메서드를 실행하므로 LED가 깜박이게 된다.

```
bbb@Desktop: ~
 1 //blink.js
 2
 3 var b = require('bonescript');
 4 var led = "P9_11";
 5 b.pinMode(led, b.OUTPUT);
 6 var state = 0;
 7 function toggleLED() {
 8     state = state ^ 1;
 9     b.digitalWrite(led, state);
10 }
11 setInterval(toggleLED, 500);
~
```

그림 4.10 blink.js

실습 4.1 | digitalWrite (LED blink)

1. P9_1 (GND)에 검은 색 점퍼 선을 연결
2. P9_11(GPIO)에 빨강색 점퍼 선을 연결
3. 빵판에 LED 회로 구성 (그림 4.7 회로도 및 그림 4.9 참조)
4. blink.js 코드를 작성하여 실행한다.
   #node blink.js
5. LED가 500 msec 마다 깜박이는 것을 확인한다.

IOBB라 불리는 BBB를 위한 C library도 있는데 이것을 이용하면 좀 더 쉽게 프로그래밍할 수 있다. 예를 들어 본서의 카페에 있는 iobb 링크에 자세한 설명이 있다.
https://www.element14.com/community/community/designcenter/ single-board-computers/blog

먼저 iobb 라이브러리를 먼저 아래와 같이 설치한다.

```
$git clone https://github.com/shabaz123/iobb.git
$cd iobb
$make
$sudo make install
```

코드 blinkc.c는 그림 4.11과 같다. 이것은 P9_11번 핀을 출력모드로 사용하고 500 msec 주기로 led가 10회 깜박이는 기능을 수행한다.

```
bbb@DeskTop: ~
//blinkc.c using iobb

#include <iobb.h>

int main(void) {
    int i;
    iolib_init();
    iolib_setdir(9,11, DigitalOut);
    for(i=0; i<10; i++) {
        pin_high(9,11);
        iolib_delay_ms(500);
        pin_low(9,11);
        iolib_delay_ms(500);
    }
    iolib_free();
    return(0);
}


~
~
~
~
:set nu                                        1,1          All
```

그림 4.11 iobb 라이브러리를 이용한 blinkc.c

컴파일과 실행은 다음과 같이 한다.

```
$gcc blinkc.c -o blinkc -liobb
$./blinkc
```

4.4.2 digitalRead( ) 메서드를 이용한 스위치(SW) 읽기

이번 절에서는 스위치를 사용하여 LED를 제어하는 하드웨어 시스템을 만들어보자. 접촉형 버튼 스위치(Tactile Push Switch)를 누르면 LED가 켜지고 스위치를 떼면 LED가 꺼지는 회로를 구성한다. 회로는 그림 4.12에 있으며 빵판을 이용하여 전자회로를 구성한다.

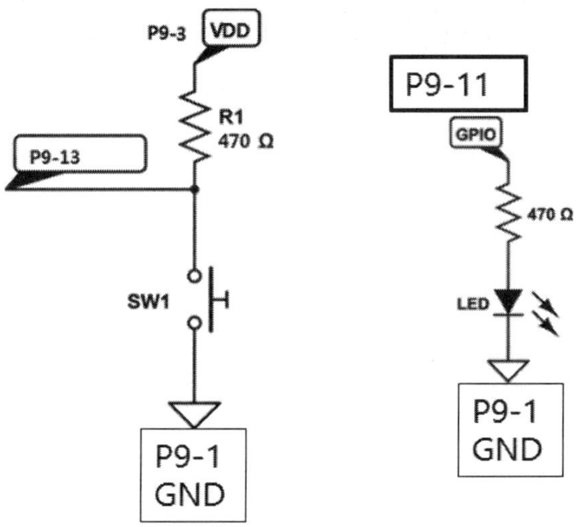

그림 4.12 digitalRead()를 이용한 스위치 상태읽기

그림 4.12의 전자회로를 구현하면 그림 4.13과 같이 구현된다. 스위치 상태를 읽는 메서드는 digitalRead()이고 LED를 제어하는 메서드는 digitalWrite()이다. 소스 코드는 그림 4.14에 있다.

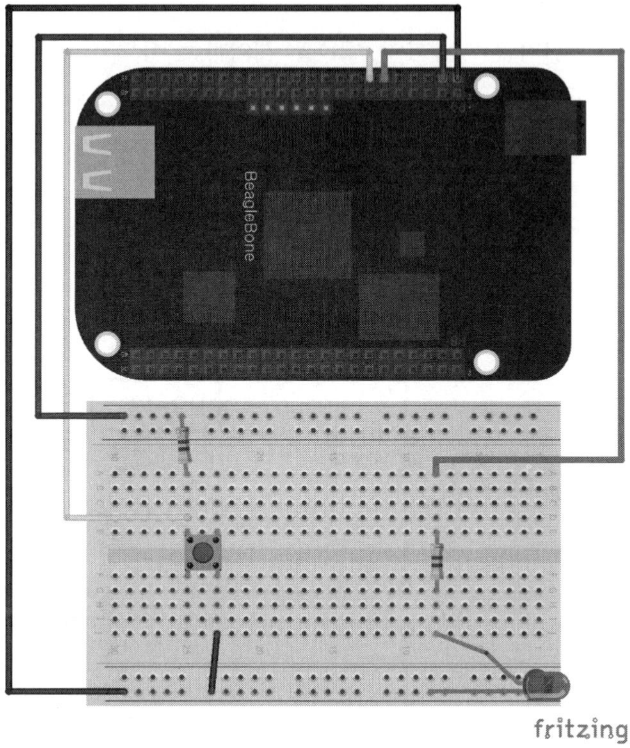

그림 4.13 sw1led 회로 구현

```
//sw1led.js
var b = require('bonescript');
var sw1 = "P9_13";
var led = "P9_11";
b.pinMode(sw1, b.INPUT);
b.pinMode(led, b.OUTPUT);

function loop() {
    var reading = b.digitalRead(sw1);
    console.log (reading);
    b.digitalWrite(led, reading);
}

setInterval(loop, 100);
```

그림 4.14 sw1led.js

실습 4.2 | digitalRead (스위치 상태 읽기)

1. 회로를 그림 4.11과 그림 4.12를 참고하여 구성한다.
2. sw1led.js 코드를 작성하여 실행한다.
   #node sw1led.js
3. SW1을 누르면 LED는 켜지고 SW1을 떼면 LED는 꺼진다.

4.5 analogWrite와 analogRead의 응용

4.5.1 analogWrite( ) 메서드를 이용한 LED 밝기 제어

이번 절에서는 RGB LED 제어에 대하여 알아보자. RGB LED는 하나의 LED에서 Red, Green, Blue의 색이 나오는 LED이다. 두 가지 타입이 있는데 음극(Cathode)를 공통으로 사용하는 타입과 양극(Anode)을 공통으로 사용하는 타입이다. 본 실험에서는 모델 YSL-R596(부록 2참조)으로서 공통 음극(Common Cathode)을 사용한다. 그림 4.15에 외관과 회로 기호를 나타내는데 긴 핀(2번 핀)이 음극(Cathode)이다. 회로에서

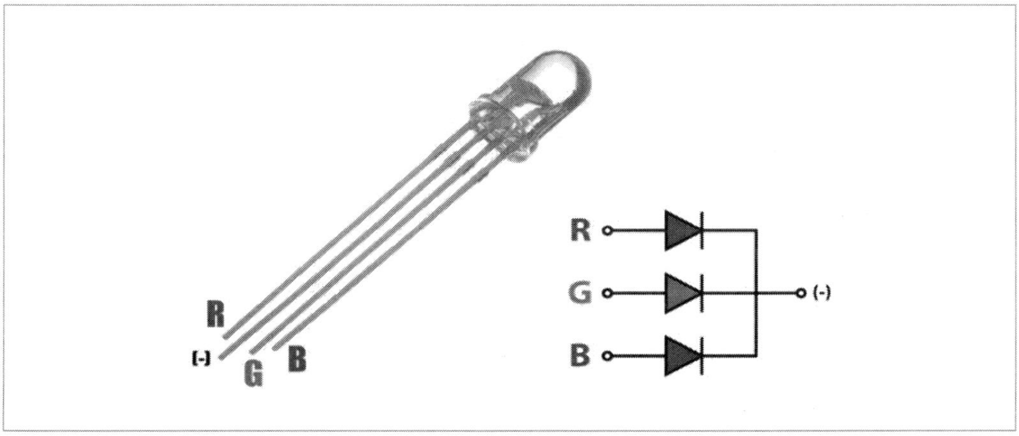

그림 4.15 RGB LED(Common Cathode type, YSL–R596)

보듯이 이 음극 핀을 공통으로 사용한다. 1, 3, 4번 핀이 각각 RGB 색을 나타내는데 2010년 1월 이전 생산품은 색 배치순서가 다르다. 즉, 3번 핀이 녹색이 아니고 파랑색이다. 따라서 핀 순서가 RGB가 아니고 RBG가 된다. 이것은 일반적으로 엔지니어가 선호하는 순서가 아니라 그 후에 생산되는 LED는 수정된 것으로 판단된다.

RGB LED를 사용하여 임의로(Randomly) 색을 바꾸는 회로 시스템을 만들어보자. 그림 4.16에 전체 회로도를 보여준다. YSL-R596의 데이터쉬트(Datasheet)를 참조하면 RGB LED의 각각의 순방향 전류는 20 mA이며 이때의 순방향 전압은 각각 2.0, 3.2, 3.1 V가 된다. 따라서 각각의 LED에 저항을 달지 않으면 BBB의 PWM 핀에 과전류가 흐르게 되어 BBB가 고장이 날 수 있다. 과전류 흐름을 방지하기 위하여 각각의 LED에 470Ω 저항을 달았다. 저항은 회로에서 전류의 흐름을 억제하여 전류량을 감소시켜 준다.

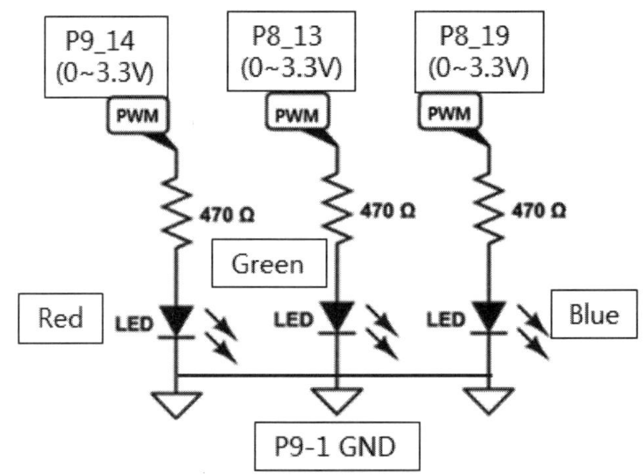

그림 4.16 RGB LED 제어 회로도

그림 4.16의 회로도를 보고 빵판과 부품을 사용하여 회로를 구성하면 결과적으로 그림 4.17과 같이 구성할 수 있다.

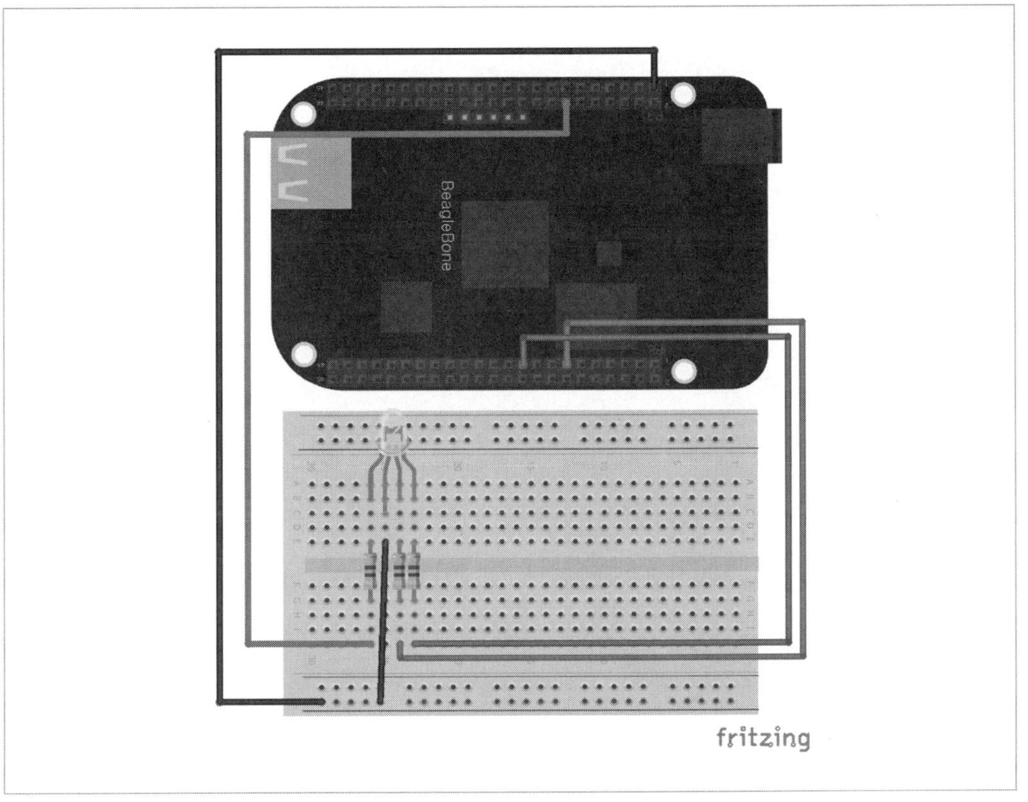

그림 4.17 RGB LED의 제어 회로 구현

그림 4.17의 RGB LED 시스템을 제어하는 프로그램은 다음 그림 4.18에 나타낸다. setInterval(changeColor, 100) 함수에 의해 100 ms마다 changeColor() 함수가 실행된다. 이 함수는 다시 duty() 함수를 실행해서 각각의 LED에 입력해 줄 duty cycle을 계산하게 된다. duty() 함수에서는 결국 Math.random() 함수를 이용하는데 이 함수는 0 보다 같거나 크고, 1보다 작은 수를 출력한다. 결국 [0,1) 범위 안에서 임의로 실수를 출력하게 된다. 이렇게 얻어진 duty 값을 가지고 RGB LED의 각 핀에 연결된 PWM 핀에 analogWrite(pin, duty) 메서드를 실행하게 되므로 결과적으로 RGB LED는 100 ms마다 색이 변하게 되는 것이다.

```
bbb@Desktop: ~
//rgbLED.js

var b=require('bonescript');

var red = 0.5;
var green = 0.5;
var blue = 0.5;

function duty(color) {
    var delta = Math.random();
    color = color + delta;
    if (color > 1.0) color = color-1.0;
    return color;
}

function changeColor() {
    red = duty(red);
    green = duty(green);
    blue = duty(blue);
    b.analogWrite('P9_14', red);
    b.analogWrite('P8_13', green);
    b.analogWrite('P8_19', blue);
}

setInterval(changeColor, 100);
~
```

그림 4.18 rgbLED.js

실습 4.3 | analogWrite (LED 밝기 제어)

1. 그림 4.15와 그림 4.16을 참고하여 rgbLED 회로를 구성한다.
2. rgbLED.js 프로그램을 코딩하여 실행한다.
   #node rgbLED.js
3. rgbLED가 각각 밝기를 조절하면서 깜박이는 것을 확인한다.

4.5.2 analogWrite( ) 메서드를 이용한 스위치와 LED 제어(Dimmer)

이번 절에서는 디머 스위치를 사용하여 LED의 밝기를 제어하는 하드웨어 시스템을 만들어보자. 접촉형 버튼 스위치(Tactile Push Switch) 1번(SW1)을 누를 때마다 LED는 밝아지고, SW2를 누를 때마다 LED가 어두워지는 회로를 구성한다. 회로는 그림 4.19에 있으며 빵판을 이용하여 전자회로를 구성한다.

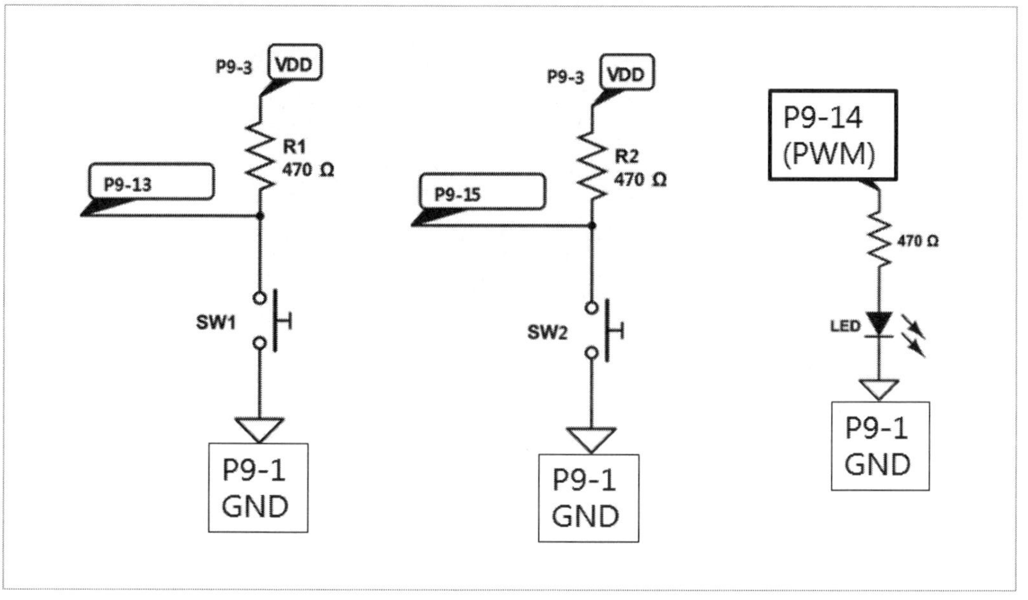

그림 4.19 Dimmer 회로

그림 4.20의 전자회로는 3개의 분리된 회로처럼 보이지만 실제는 하나의 연결된 회로이다. 왜냐 하면 GND(P9_1)가 모두 서로 연결되기 때문이다. SW1이 눌려지면 P9_13 핀의 전압이 0 V가 되며 이를 프로그램이 감지하여 LED를 한 단계 밝게 한다. 즉, LED 밝기는 켜짐-꺼짐의 두 단계가 아니고 전압을 0~3.3 V까지 단계적으로 변화시킴으로써 밝기를 조절한다. 이것은 그림 3.7의 analogWrite.js 코드와 그림 4.15의 LED 회로를 함께 사용한 것과 같다. 반대로 SW2를 누르면 P9_15 핀의 전압이 0 V가 되며 이 때 LED를 한 단계 어둡게 만든다. 즉 PWM 기능을 이용하는 analogWrite() 메서드를 이용해야 한다. 그림 4.19의 회로도를 구성한 결과 그림 4.20과 같은 사진을 볼 수 있다.

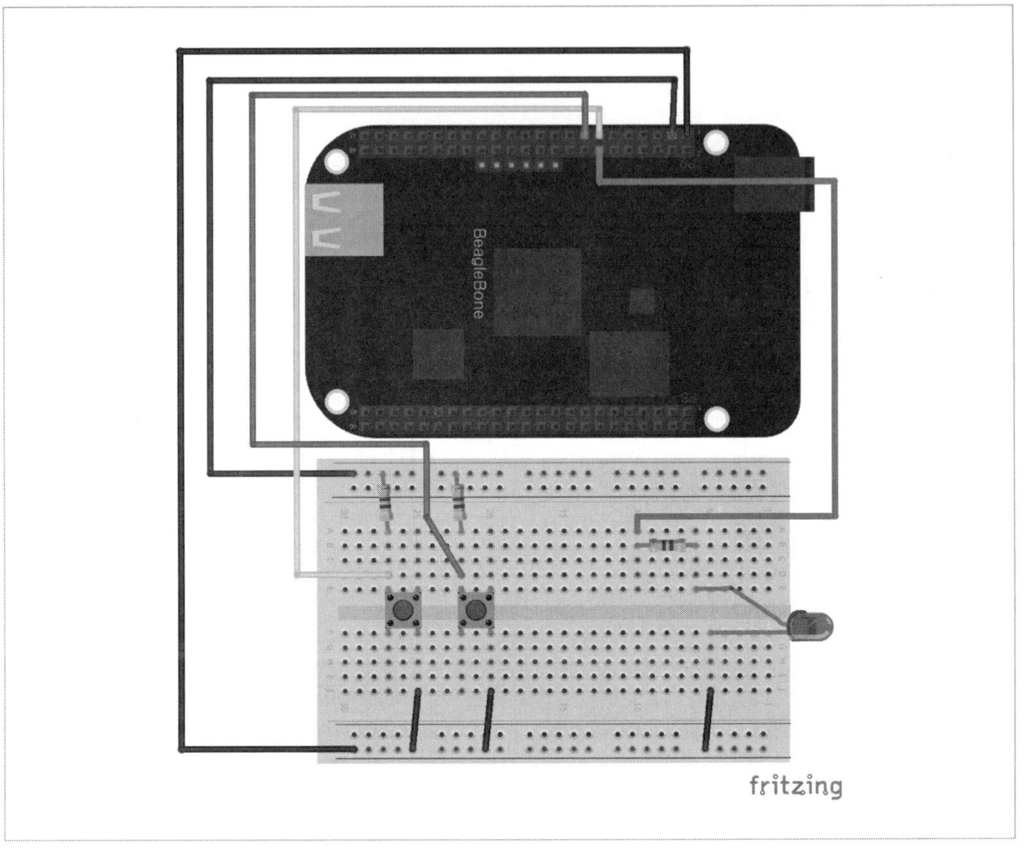

그림 4.20 Dimmer 회로 구현

그림 4.19의 전자회로를 제어하기 위해 작성된 프로그램을 그림 4.21의 dimmer.js에서 보여준다. 기본적으로 라인 13의 brighter() 함수와 라인 21의 dimmer() 함수인데 이것은 스위치를 감지하여 실행하는데 기본적인 메서드는 analogWrite()이다. 라인 38에서 50 ms마다 sw_detect 함수가 실행되며 sw_detect 함수에서는 다시 SW1 또는 SW2가 눌러졌는가를 체크한다. SW1이 눌러졌다면 라인 31의 brighter() 함수가 호출되며, SW2가 눌러졌다면 라인 34에서 dimmer() 함수가 호출된다. 이들 함수에서는 다시 duty를 결정하고 analogWrite(led, duty) 메서드를 통해서 led 핀(PWM 핀)에 계산된 전압을 주게 된다.

```
//dimmer.js

var b = require('bonescript');
var sw1 = "P9_13";
var sw2 = "P9_15";
var led = "P9_14";
var step = 0.05;
var duty = 0.5;

b.pinMode(sw1, b.INPUT);
b.pinMode(sw2, b.INPUT);

function brighter() {
    duty = duty + step;
    if (duty > 1.0) {
        duty = 1.0;
    }
    b.analogWrite(led, duty);
}

function dimmer() {
    duty = duty - step;
    if (duty < 0.0) {
        duty = 0.0;
    }
    b.analogWrite(led, duty);
}

function sw_detect() {
    if (b.digitalRead(sw1) == 0) {
        brighter();
    }
    if (b.digitalRead(sw2) == 0) {
        dimmer();
    }
}

setInterval(sw_detect, 50);
```

그림 4.21 dimmer.js

실습 4.4 | analogWrite (LED 밝기 제어(Dimmer))

1. 회로를 그림 4.18과 그림 4.19를 참고하여 구성한다.
2. dimmer.js 코드를 작성하여 실행한다.
3. SW1을 누를 때마다 LED는 점점 더 밝아지고 SW2를 누를 때마다 LED는 점점 더 어두워진다.

4.5.3 analogRead( ) 메서드 – 온도센서

온도 센서는 그림 4.22와 같다. 이것은 Analog Device사에서 판매하는 것으로 모델은 TMP36이다. 핀 1(3.3 V)과 핀 3(GND)를 이용하여 전압을 가하면 온도가 핀 2를 통해서 출력된다.

그림 4.22 온도센서 (TMP36)

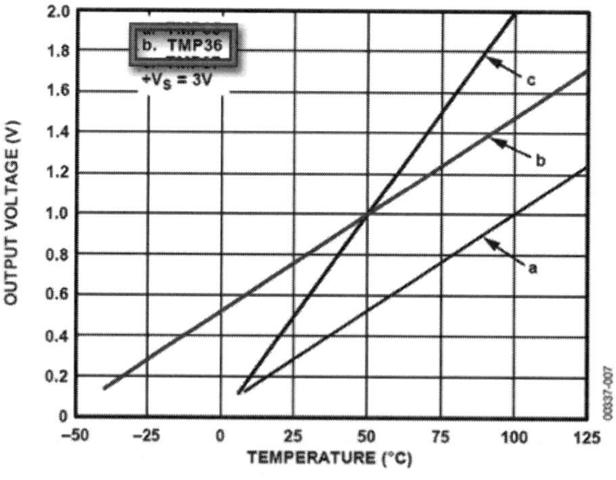

Figure 6. Output Voltage vs. Temperature

그림 4.23 TMP36의 출력 전압과 온도와의 관계

그림 4.23은 TMP 36 온도 센서의 데이터시트(부록 3 참조)에서 발취한 것으로서 온도가 130도를 넘지 않으면 출력 전압이 1.8 V를 넘지 않는다는 것을 보여준다. 따라서 우리가 이미 학습한 analogRead() 메서드를 사용하여 AIN0 핀에서 측정할 수 있다.

실습할 회로구성은 다음과 같이 한다. 우선 3.3 V 전압을 P9_3(VDD3.3V)에서 가져와서 TMP36 센서의 핀 1에 연결한다. 이때는 빨강색 점퍼와 빵판을 사용한다. 둘째로, P9_34(GND_ADC)를 TMP 36 센서의 핀 3에 감은색 점퍼를 사용하여 연결한다. 셋째, P9_39(AIN0) 핀과 TMP 36 센서의 핀 2를 연결한다. 이 핀에서 온도 데이터가 전압으로 출력된다. 이와 같이 회로가 연결되어 완성된 것은 그림 4.24와 같다.

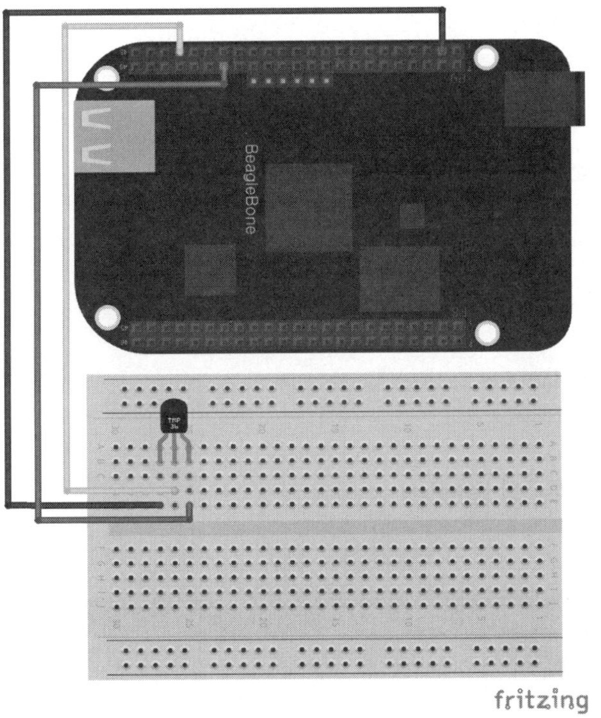

그림 4.24 TMP36을 이용한 온도 측정

온도측정을 위한 node.js 프로그램은 그림 4.25와 같다. 라인 15에서 500 ms마다 readTemp() 함수를 실행하게 되며 readTemp() 함수는 결과적으로 analogRead() 메서드를 실행한다. 이 메서드는 콜백 함수 displayTemp()를 실행하는데 이것은 라인 9에 정의되어 있다. displayTemp() 콜백 함수에서 얻어진 전압 값을 mV 단위로 고치기 위해서 라인 10에서 1,800으로 곱한다. 데이터 시트의 표 4에서 보면 TMP36 모델은 Offset 전압이 0.5 V 즉, 500 mV이므로 라인 11에서 500을 차감한다. 같은 표에서 보면 출력전압 크기조정(Output Voltage Scaling)이 10 mV/℃이므로 전체를 10으로 나누어 준다. 라인 11은 TMP36에서만 하는 작업이다.

```
bbb@Desktop: ~
 1 //temp.js
 2
 3 var b = require('bonescript');
 4
 5 function readTemp() {
 6     b.analogRead('P9_39', displayTemp);
 7 }
 8
 9 function displayTemp(x) {
10     var mvolts = x.value * 1800;
11     var temp = (mvolts - 500) / 10;
12     console.log("Temp =" + temp);
13 }
14
15 setInterval(readTemp, 500);
~
```

그림 4.25 온도측정 프로그램 (temp.js)

실습 4.5 | analogRead (온도 센서)

1. 온도센서인 TMP36의 Datasheet를 읽어본다.
2. 그림 4.23을 참고하여 온도센서 회로를 구성한다.
3. temp.js 프로그램을 코딩하여 실행한다.
   #node temp.js
4. 코드에서 각각의 변수들의 값도 확인해 본다.

4.5.4 analogRead( ) 메서드 – 조도센서

조도 센서 또는 광센서라고 부른다. 주변 밝기에 따라서 디지털 값을 출력하는 센서이다. 여러 가지 종류가 있지만 본서에서는 빛의 밝기에 따라 저항 값이 변하는 Photoresistor(모델 GL5528, 부록 4참조)를 사용한다. 이것은 그림 4.26에 있으며 표면에 CdS라는 물질이 있어서 Cds Photocell이라고도 불린다. CdS가 빛을 많이 받으면 저항이 작아지고 빛의 양이 적으면 저항이 커지는 성질을 이용한다. 저항 값의 범위는 수십 Ω~1.0 MΩ이다.

그림 4.26 조도 센서 (GL5528)

조도 센서를 사용하는 회로도는 그림 4.27과 같다. 기본적으로 CdS 포토 셀은 빛의 밝기에 따라 저항 값이 변하는 수동 부품(Passive element)이다. 따라서 포토 셀에 기준 (Reference) 전압을 인가하고 빛의 밝기에 따라 변화된 저항만큼 전압강하가 일어나면 이것을 체크하면 된다. 개념은 매우 단순하지만 수동 소자를 다루는데 있어서 많은 시사점을 알려준다. 그림 4.27처럼 P9_32(VDD_ADC)에서 출력되는 1.8 V 전원을 포토 리지스터에 인가하고 1 kΩ 저항의 끝에 P9_34(GND_ADC) 핀을 연결한다. 아날로그 전압을 읽기 때문에 노이즈가 적은 GND_ADC를 사용한다. 포토 리지스터와 1 kΩ 저항 사이에서 측정할 핀, 즉 P9_39(AIN0)를 연결하여 아날로그 전압을 측정한다. 측정된 전압은 포토 리지스터에서 한 번 전압강하가 이루어지기 때문에 1.8 V보다 높을 수 없다. 항상 1.8 V보다 낮은 전압이 측정된다.

그림 4.28에 완성된 회로를 보여주는데 그림 4.27의 회로도를 보고 빵판에 회로를 구

성한 결과이지 그림 4.28을 보고 회로를 구성하는 것이 아님을 유의한다.

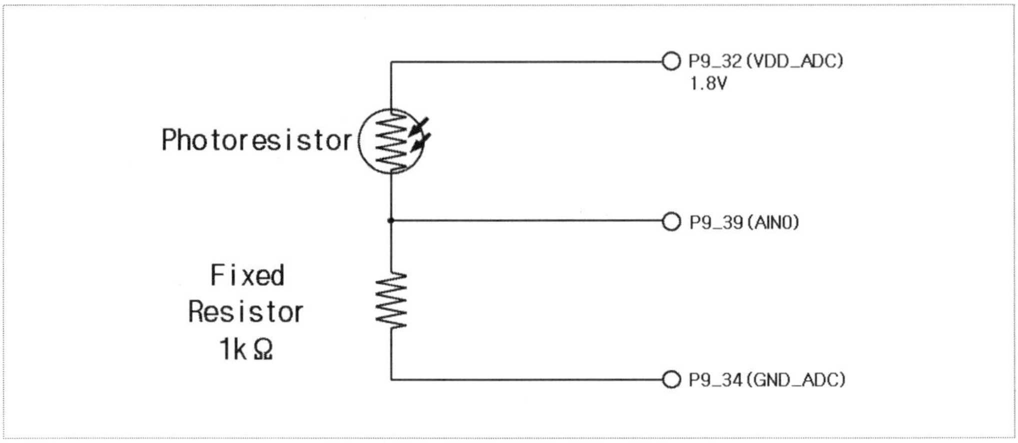

그림 4.27 조도측정 회로

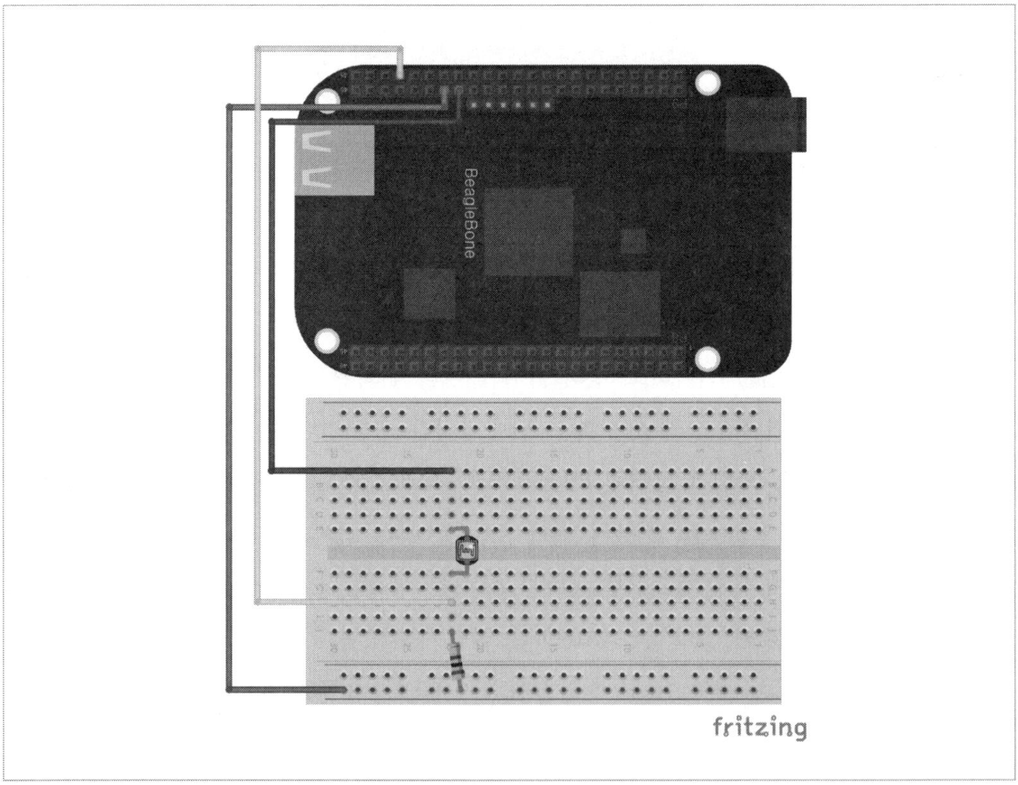

그림 4.28 조도 측정 회로 구현

이 회로를 이용하여 node.js 프로그램을 작성한 것이 그림 4.29이다. 라인 10에서 x.value는 0~1 사이의 실수 값이 출력되는데 이것을 1,800 mV로 환산하기 위해서 곱해 주는 것이다.

```
bbb@Desktop: ~
1 //light.js
2
3 var b = require('bonescript');
4
5 function readLight() {
6     b.analogRead('P9_39', displayLight);
7 }
8
9 function displayLight(x) {
10     var mvolts = x.value * 1800;
11     console.log("Light sensor =" + mvolts);
12 }
13
14 setInterval(readLight, 500);
~
```

그림 4.29 조도측정 프로그램 (light.js)

실습 4.6 | analogRead (조도 센서 GL5528)

1. 그림 4.26과 그림 4.27을 참고하여 조도센서 회로를 구성한다.
2. light.js 프로그램을 코딩하여 실행한다.
   #node light.js
3. 주위를 밝고 어둡게 함에 따라서 전압의 변화를 확인한다.

실습 4.7 | 응용문제

문제 1: 주위 빛이 밝으면 LED (일반 Red LED)가 더 밝게, 어두우면 LED가 어둡게 자동 조절되는 시스템을 만드시오.

문제 2: 기준온도(예: 25도) 이상이면 rgbLED의 빨강색이 켜지고, 미만이면 rgbLED의 파랑색이 자동으로 켜지는 시스템을 설계하시오.

문제 3: 스위치를 누르고 있으면 LED가 켜지고 손을 떼면 LED가 꺼지는 시스템을 설계하시오.

문제 4: 스위치를 한 번 눌렀다 떼면 LED가 켜지고 다시 눌렀다 떼면 꺼지는 시스템을 만드시오.

CHAPTER 5

웹 인터페이스 (Web Interface)

BBB의 USR3 LED 또는 BBB의 외부에 연결된 LED를 스마트 폰에서 제어하려면 어떻게 하여야 하는가? 이 문제는 클라이언트-서버(Client-Server) 네트워을 이용하면 간단하게 해결된다. 이를 위해서 클라이언트-서버 구조의 대표적인 웹 서비스를 이용하도록 하자. 즉, BBB에서 동작하는 웹 서버와 스마트 폰의 웹 브라우저(Web Browser)를 이용한다. 웹 서비스는 전제 조건이 서버나 클라이언트가 네트웍이 된다는 가정 하에서 출발한다. 이를 위해 BBB와 스마트 폰이 동일 서브 네트웍에 있어야 한다. 즉, 동일 무선 WiFi AP를 사용해야 한다. 아니면 BBB가 스마트폰의 HotSpot을 사용해도 된다. 웹 인터페이스는 디지털 인터페이스와 아날로그 인터페이스로 나뉘고 다시 디지털 인터페이스는 digitalWrite와 digitalRead로 나눈다. 아날로그 인터페이스는 analogWrite와 analogRead로 다시 나눈다.

5.1 간단한 BBB 웹 서버

본 절에서는 BBB에서 간단하게 웹 서버를 만들어보자. 이 서버에 스마트 폰의 웹 브라우저를 이용해서 접속하여 보자. BBB와 스마트 폰이 네트웍에 연결되어 있다고 가정한다. 이때 BBB의 네트웍 주소는 192.168.0.8이라고 가정한다. 프로그램은 node.js의 JavaScript를 이용하며 그림 5.1에 코드가 있다. 라인 5와 라인 6 사이에 res.write() 메

```
ubuntu@arm: ~
 1 //simpleWebServer.js
 2
 3 var http = require('http');
 4 var server = http.createServer(handler);
 5 function handler(req, res) {
 6     res.writeHead(200, {'Content-Type': 'text/plain'});
 7     res.end('Hello from the Beaglebone Black!\n');
 8     }
 9 server.listen(8088);
10 console.log('Web Server running at BBB!');
11
~
~
~
~
~
~
~
~
~
~
~
~
:set nu                                                  1,1          All
```

그림 5.1 Simple Web Server

서드를 이용해서 스트링(string)을 클라이언트에 보낼 수 있다. 본 코드에서는 간단하게 하려고 라인 6으로 대치하였다.

BBB에서 프로그램 실행은 다음과 같이 실행한다.

```
#node simpleWebServer.js
```

스마트 폰에서 주소 창에 192.168.0.8:8088이라고 적고 접속을 시도한다.

그러면 스마트 폰 화면에 "Hello from the Beaglebone Black!"이라는 메시지가 보일 것이다. 이것은 res.end() 메서드에 의해서 클라이언트에게 보내지는 것이다. 그리고 BBB에 연결한 모니터 프로그램인 minicom에서는 "Web Server running at BBB!"라고 보인다. 이것은 console.log() 메서드에 의해 BBB의 콘솔 즉, 모니터에게 보내진 것을 minicom 프로그램에서 받아서 화면에 보여준다.

기본적으로 BBB에서는 웹 서버가 두 개 실행되고 있다. 하나는 Apache2(port 8080)

이고 다른 하나는 node.js 웹 서버(port 80, port 3000)이다. port 3000은 Cloud9 용 웹 서버이다. 여기에서 node.js 웹 서버에 port 8088을 추가한다. 그림 5.1에서 라인 3에서 require() 함수는 http 모듈(Module)을 사용하기 위함이다. 라인 4에서 createServer() 메서드는 파라미터로서 함수를 사용한다. 이 파라미터 함수는 라인 5와 6에서 정의되고 있는데 (req, res)의 두개 파라미터를 사용한다.

5.2 디지털 유저 인터페이스(Digital User Interface)

5.2.1 digital Write를 위한 웹 인터페이스

결론적으로 말해서 그림 5.2와 같이 BBB의 USR3 LED 또는 외부 LED를 스마트 폰에서 제어하는 것이다. 이때 디지털 제어 즉, ON/OFF 두 가지 명령어만 실행하는 digitalWrite() 함수를 실행하게 한다.

그림 5.2 digitalWrite 유저 인터페이스

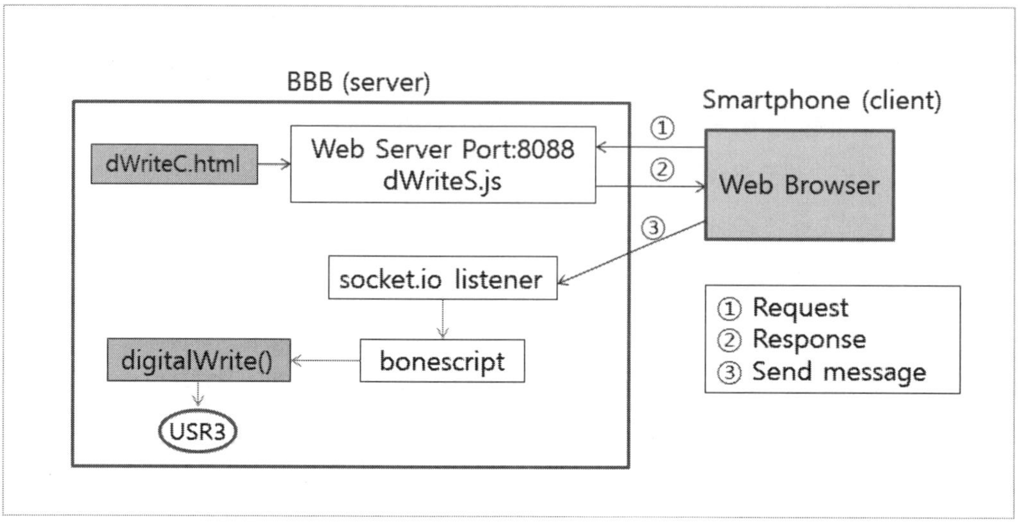

그림 5.3 웹 인터페이스(digitalWrite)의 구성도

이를 위해서는 BBB의 웹 서버와 스마트 폰 간의 네트웍 서비스가 이루어져야 하는데 이를 그림 5.3에 간략히 도식적으로 나타낸다. 그림 5.3에서 보면 ①번에서 스마트 폰이 BBB의 네트웍 주소를 사용하여 웹 브라우저로 접속을 요청(Request)한다. 이 때 웹 서버는 8088 포트(port)를 사용하는데 이것은 하나의 예일 뿐 다른 포트를 사용해도 무방하다. 웹 서버에서는 Request를 받아서 처리한 다음에 ②번 Response를 보내야 하는데 이 때 dLed.html을 스마트 폰 클라이언트에게 보낸다. 클라이언트는 이것을 웹 브라우저에서 실행하게 되는데 이 때 보이는 화면이 그림 5.2에 있는 것이다. 클라이언트는 ③번에서 ON 또는 OFF 메시지를 서버에게 전송하는데 웹 서버에서는 이를 수신하여 BBB에서 digitalWrite() 메서드를 실행하게 된다. 그러면 USR3 LED가 동작한다. 처음엔 약간 복잡하게 보일 수 있으나 일반적인 웹 서버의 동작과 유사하다. digitalWrite() 메서드가 하드웨어 USR3 LED를 제어하는 것이 일반적인 웹 서버의 동작과 다른 점이라고 할 수 있다.

그림 5.4는 BBB에서 실행되는 서버 사이드 코드인 dWriteS.js 프로그램을 나타내고 그림 5.5에서는 클라이언트 사이드인 dWriteC.html 코드를 나타낸다. dWriteS.js 프로그램에서 라인 8의 createServer(handler) 메서드는 handler라는 함수를 파라미터로 갖

```
bbb@DMZ: ~/BBB
 1 //dWriteS.js (digital Write Server)
 2
 3 var bb = require('bonescript'); //nodejs JavaScript library for BBB
 4 var fs = require('fs');         //file system module for node.js
 5 var http = require('http');     //web server module for node.js
 6 var socketio = require('socket.io');    //nodejs lib for web client/server
 7 var htmlPage = 'dWriteC.html';
 8 var httpServer = http.createServer(handler);
 9 var io = socketio.listen(httpServer);   //upgrade http server to socketio server
10
11 function handler (req, res) {
12   fs.readFile(htmlPage, function (err, data) {
13       if (err) {
14         res.writeHead(500);      //http status code (5xx:server error)
15         return res.end('Error loading file: ' + htmlPage);
16       }
17       res.writeHead(200);        //http status code (2xx:Success, 200:OK)
18       res.end(data);
19     });
20 }
21
22 httpServer.listen(8088);
23 io.sockets.on('connection', onConnect);
24
25 function onConnect(socket) {
26     socket.on('digitalWrite', handleDigitalWrite);
27 }
28
29 function handleDigitalWrite(message) {
30     var data = JSON.parse(message);
31     console.log("pin:" + data.pin + " value:" + data.value);
32     bb.pinMode(data.pin, bb.OUTPUT);
33     bb.digitalWrite(data.pin, data.value);
34 }
```

그림 5.4 digitalWrite 서버 코드 (dWriteS.js)

는데 이 함수는 라인 11에 정의되어 있다.

라인 12에서 readFile() 메서드를 사용하기 위해서 라인 4의 require() 함수를 사용해 fs 모듈을 사용하도록 한다. readFile() 메서드는 첫 번째 파라미터로서 htmlPage 즉, dWriteC.html 파일을 클라이언트로 보내게 된다. 라인 22에서 웹 서버가 port 8088로 생성된다. 라인 23은 클라이언트로부터의 접속을 기다렸다가 ③에서 접속이 요구되면 실행한다. 라인 23은 라인 9의 socketio.listen() 메서드를 선행해야 하고 라인 9는 다시 라인 6이 필요하다.

BBB의 공장출하시에 debian 리눅스가 설치되어 있는데 이 때 nodejs, npm, bonescript, socket.io 등이 설치되어 있다. npm(http://www.npmjs.com)은 nodejs package manager이고 bonescript는 BBB를 위한 nodejs library이며 socket.io는 nodejs에서 소켓통신을 지원하는 모듈이다. bonescript와 socket.io 모듈은 /usr/local/lib/node_modules/socket.io 디렉터리에 설치되어 있다. nodejs와 npm의 버전확인 명령은 아래와 같다.

```
#node -v (>=0.10.25, nodejs -v와 같다)
#npm -v (>=1.3.10)
```

mircoSD 카드에 ubuntu 리눅스를 새로 설치할 때에는 nodejs, npm, bonescript, socket.io 등을 아래와 같은 명령어를 이용하여 모두 설치하여야 한다.

```
$sudo apt-get update
$sudo apt-get install nodejs
$node -v (v8.10.0)
$sudo apt-get install npm
$npm -v (3.5.2)
$sudo apt-get install bonescript
```

socket.io 모듈은 npm을 이용하여 local 또는 global로 설치할 수 있다. global 옵션으로 설치하려면 다음과 같이 한다.

```
$sudo npm install -g socket.io (글로벌 설치)
$sudo npm install -g npm-install-peers
```

global option으로 설치하면 package가 /usr/local/lib/node_modules/ 디렉터리에 설치된다. -g 옵션을 사용하지 않으면 local로 설치되는데 현재 디렉터리 밑의node-modules/ 디렉터리에 설치된다.

```
$sudo npm install socket.io (로컬 설치)
```

다시 라인 23으로 가서 클라이언트로부터 메시지를 수신하면 라인 23에 있는 onConnect()라고 하는 콜백 함수가 실행되는데 이 함수의 정의는 라인 25에 있다. 라인 26의 socket.on() 메서드는 클라이언트에서 메시지가 수신되면 실행하는 이벤트 받기 메서드이다. 이 메서드의 문법은 아래와 같다.

```
socket.on('event_name', callback_function);
```

socket.on() 메서드의 두 번째 파라미터에 다시 콜백 함수가 있는데 라인 26에서 보면 handleDigitalWrite() 함수이고 이것은 라인 29에 정의되어 있다. 라인 30에 있는 JSON(JavaScript Object Notation) 객체는 데이터 교환형식으로서 XML 같은 것인데 더 사용하기가 쉽다. 수신된 데이터를 파싱(parsing)해서 pin과 value 정보를 끄집어 낸 다음에 라인 33에서 digitalWrite(pin, value) 메서드를 실행해서 최종적으로 LED를 ON/OFF 시킨다.

이제 클라이언트 쪽을 살펴보자. 클라이언트 즉, 스마트 폰은 그림 5.5와 같은 dWriteC.html 파일을 웹 서버로부터 수신하여 웹 브라우저에서 실행한 후에 ON 또는 OFF 메시지를 클릭한다. 이 동작은 라인 19 또는 라인 21에서처럼 ledOn() 또는

```
bbb@DMZ: ~/BBB
 1 //dWriteC.html
 2
 3 <html>
 4 <head>
 5     <script src = "/socket.io/socket.io.js" > </script>
 6     <script>
 7     var socket = io.connect();
 8     function ledOn(){
 9         socket.emit('digitalWrite', '{"pin":"USR3", "value":1}');
10     }
11     function ledOff(){
12         socket.emit('digitalWrite', '{"pin":"USR3", "value":0}');
13     }
14     </script>
15 </head>
16
17 <body>
18     <h1 style="font-size:60pt;">ON/OFF of USR3 LED</h1>
19     <a href="" onClick="ledOn();" style="font-size:32pt;">ON</a>
20        
21     <a href="" onClick="ledOff();" style="font-size:32pt;">OFF</a>
22 </body>
23 </html>
```

그림 5.5 digitalWrite 클라이언트 코드 (dWriteC.html)

ledOff() 함수를 실행하게 된다. 이 함수들은 라인 8 또는 라인 11에 정의되어 있다. 이 함수들은 네트웍에서 메시지를 전송하기 위해서 라인 9에서 보듯이 socket 객체에서 emit() 메서드를 사용하는데 이것은 라인 7에서 io.connect() 메서드를 사용해서 socket 객체가 만들어져야 한다. 그런데 이 io.connect() 메서드를 사용하려면 클라이언트에서 /socket.io/socket.io.js 파일을 사용해야 하기 때문에 라인 5가 꼭 필요하다. 이것은 dWriteS.js 파일의 서버 사이드에서 require('socket.io') 메서드가 필요한 것과 같다.

이로써 서버 사이드에서는 dWriteS.js 파일이 실행되고 클라리언트 사이드에서는 dWriteC.html 파일이 실행되어 Client-Server의 네트웍 구조가 된다. 서버에서 이벤트 받기는 socket.on() 메서드인데 클라이언트에서 이벤트 보내기는 socket.emit() 메서드이다. 이것의 문법은 아래와 같다.

```
socket.emit('event_name', '{message}');
```

위 코드 즉, 그림 5.5의 라인9에서 보면 message에 해당하는 것은 {"pin": "USR3", "value" : 1} 이다. 1은 스트링이 아니기 때문에 이중 인용부호(Double quote)가 없다.

실습 5.1 | digitalWrite (웹 인터페이스)

1. BBB를 WiFi 접속시킨다.
2. 그림 5.4를 참고하여 서버 코드인 dWriteS.js 를 코딩한다.
3. 그림 5.5를 참고하여 클라이언트 코드인 dWriteC.html 파일을 만든다.
4. BBB에서 서버 프로그램을 실행한다.
   #node dWriteS.js
5. 스마트 폰에서 BBB 웹 서버를 접속한다
   웹 주소: BBB_wifi_주소:8088
6. 스마트 폰에서 ON 또는 OFF를 눌러서 메시지를 서버에 전송한다.
7. BBB의 USR3 LED가 원하는 대로 동작하는지 살펴본다.
8. PC Desktop의 minicom에서 그림 5.6과 같은 모니터링 화면을 확인한다. 이것은 그림 5.4의 프로그램에서 라인 31의 console.log() 메서드에 의해 보여지는 것이다.

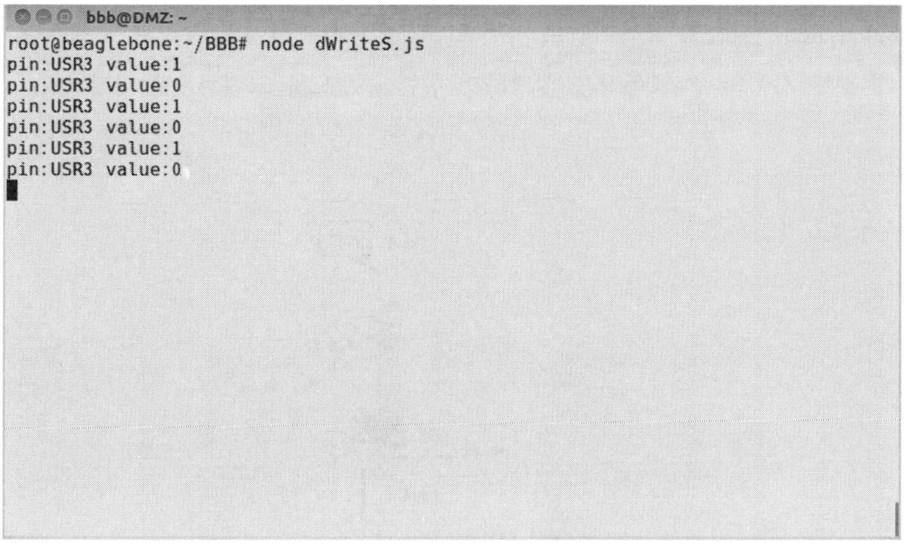

그림 5.6 디지털 유저 인터페이스의 모니터링 화면

5.2.2 digital Read를 위한 웹 인터페이스

digitalRead 회로는 BBB에 연결된 스위치의 상태를 스마트 폰에서 확인하는 것이다. 즉 스위치의 ON/OFF 상태를 읽는 것이다. 그림 5.7은 그 결과 화면과 회로의 완성된 그림이다.

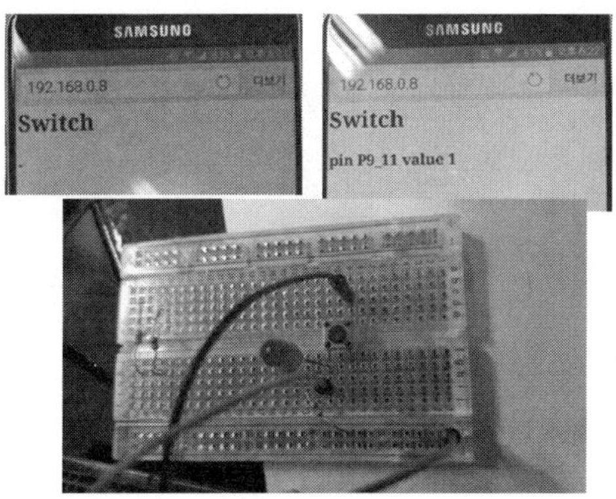

그림 5.7 digital Read 실습의 결과화면

그림 5.8은 digital Read 실습을 위한 회로도이다.

digital Read 실습도 클라이언트 사이드 코드와 서버 사이드 코드로 구성된다. 이들 두 개 코드 사이의 연관 동작을 설명하기 위한 구성도를 그림 5.9에 나타낸다.

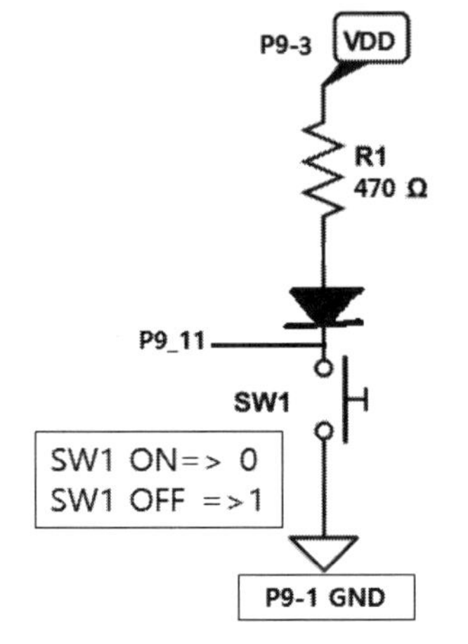

그림 5.8 digital Read를 위한 회로도

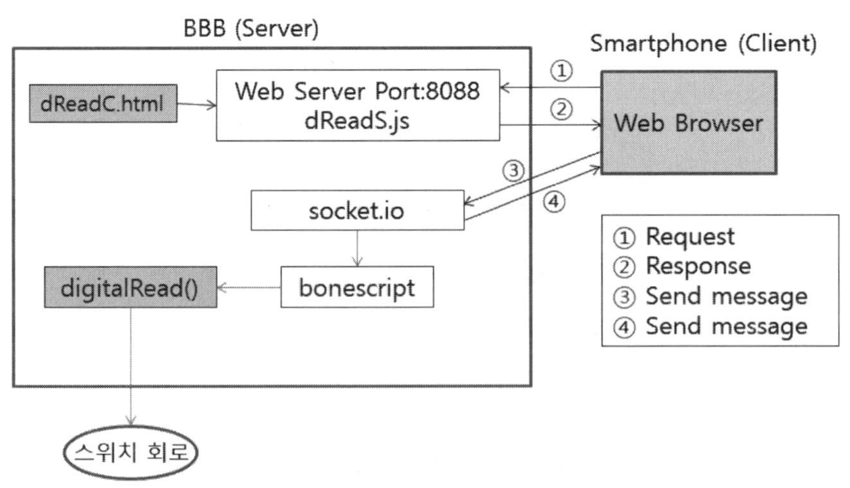

그림 5.9 digital Read 실습의 동작 설명 구성도

그림 5.10a와 그림 5.10b 코드는 서버 사이드 코드인 dReadS.js를 나타낸다. 그림 5.11은 클라이언트 코드인 dReadC.html을 나타낸다.

```
//dReadS.js

var bb = require('bonescript');
var fs = require('fs');
var http = require('http');
var socketio = require('socket.io');
var htmlPage = 'dReadC.html';
var httpServer = http.createServer(handler);
var io = socketio.listen(httpServer);
var pinStatus = {};
var soc;

httpServer.listen(8088);
io.sockets.on('connection', onConnect);
setInterval(checkInputs, 50);

function handler(req, res) {
    fs.readFile(htmlPage, function(err, data) {
        if (err) {
            res.writeHead(500);
            return res.end('Error loading file: ' + htmlPage);
        }
        res.writeHead(200);
        res.end(data);
    });
}
```

그림 5.10a digitalRead 서버 코드 (1/2) (dReadS.js)

```

function onConnect(socket) {
    socket.on('monitor', handleMonitorRequest);
    soc = socket;
}

function handleMonitorRequest(pin) {
    // console.log("got request to monitor pin:" + pin);
    bb.pinMode(pin, bb.INPUT);
    pinStatus[pin] = 0;
}

function checkInputs() {
    for (var pin in pinStatus) {
        var oldValue = pinStatus[pin];
        var newValue = bb.digitalRead(pin);
        if (oldValue != newValue) {
            soc.emit("pinUpdate", '{"pin":"' + pin + '", "value":' + newValue + '}');
            pinStatus[pin] = newValue;
        }
    }
}
```

그림 5.10b digitalRead 서버 코드 (2/2) (dReadS.js)

bbb@DMZ: ~/BBB

```
<html>
<head>
    <script src = "/socket.io/socket.io.js" > </script>
    <script type=text/javascript src="http://code.jquery.com/jquery-1.12.3.min.js"></script>
    <script>
        var pin = 'P9_11';
        var socket = io.connect();
        socket.on("pinUpdate", handlePinUpdate);
        function handlePinUpdate(message) {
           var data = JSON.parse(message);
           $("#switchStatus").html("pin " + data.pin + " value " + data.value);
        }
        socket.emit('monitor', pin);
    </script>
</head>

<body>
    <h1 style="font-size:60pt;">Switch</h1>
    <h2 style="font-size:40pt;"id="switchStatus">-</h2>
</body>
</html>
```

그림 5.11 digitalRead 클라이언트 코드 (dReadC.html)

실습 5.2 | digitalRead (웹 인터페이스)

1. 그림 5.8의 회로도를 보고 빵판을 사용하여 회로를 구현한다.
2. 그림 5.10a와 그림 5.10b를 참고하여 서버코드 dReadS.js 파일을 만든다.
3. 그림 5.11을 참고하여 클라이언트 코드 dReadC.html 파일을 만든다.
4. 서버 프로그램을 BBB에서 실행한다.
   #node dReadS.js
5. PC Linux의 firefox 웹 브라우저에서 BBB 웹서버로 접속한다.
   http://192.168.7.2:8088
6. 스위치를 누르면서 모니터 화면이 어떻게 변하는지 살펴본다.
7. 스마트 폰의 웹 브라우저에서 BBB IP주소로 웹 접속한다. 이 때 BBB는 WiFi 접속이 되어 있어야 한다. port 번호는 8088이다.
8. 스위치를 누르면서 스마트 폰 화면이 어떻게 변하는지 살펴본다.

5.3 아날로그 유저 인터페이스(Analog User Interface)

5.3.1 analog Write

이제는 BBB의 외부에 연결된 빨강색 LED를 analogWrite() 메서드를 이용하여 제어해보자. 회로도는 그림 3.7의 analogWrite() 메서드의 예제와 같은데 다른 PWM 핀을 사용해서 그림 5.12와 같이 구현하고 그 결과를 보인다.

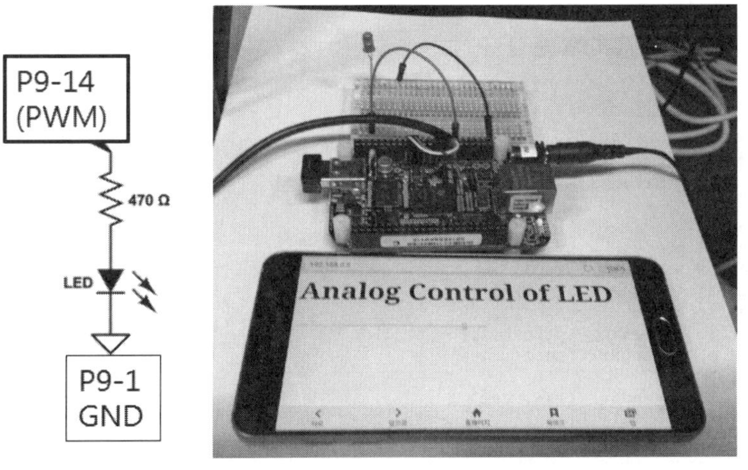

그림 5.12 analog Write 실습 회로 및 결과

그림 5.12에서 보듯이 스마트 폰의 슬라이드 바를 터치해서 빵판에 있는 빨강 색 LED의 밝기를 아날로그로 제어하는 것이다. LED 밝기는 BBB에서 출력되는 아날로그 전압의 크기를 변화시켜 제어된다. 이것도 디지털 제어와 마찬가지로 BBB의 웹 서비스를 이용하며 아날로그 인터페이스의 구성도를 그림 5.13에 나타낸다.

이것은 디지털 유저 인터페이스와 유사하다. 그림 5.13의 구성도는 디지털 회로때의 실습과 모든 것이 동일하며 aLed.html과 analogWrite() 메서드를 사용하는 것만이 다르다. 서버에서 실행하는 analog_server.js 프로그램을 그림 5.14에서 살펴보자.

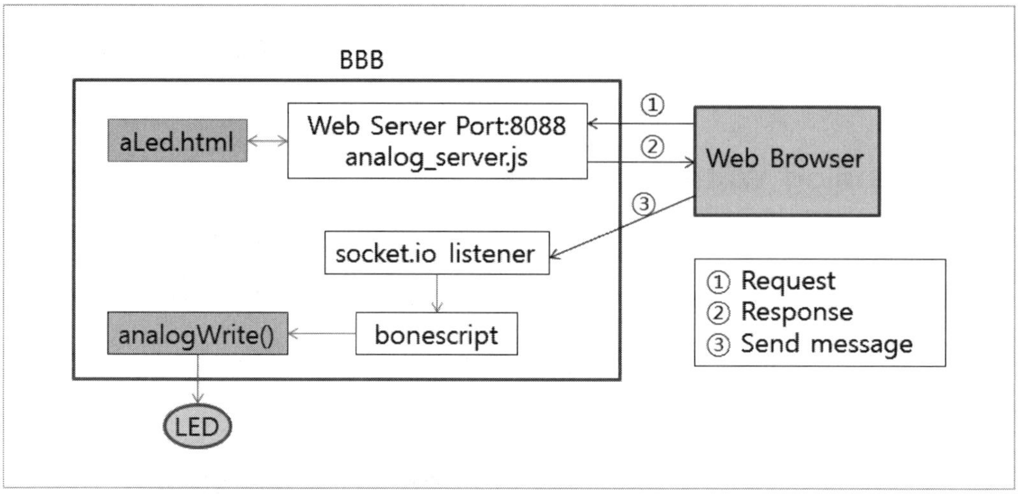

그림 5.13 analogWrite 실습의 동작 구성도

```
//analog_server.js

var http = require('http');
var httpServer = http.createServer(handler);
var fs = require('fs');
var htmlPage = 'aLed.html';
var socketio = require('socket.io');
var io=socketio.listen(httpServer);
var bb = require('bonescript');

function handler (req, res) {
    fs.readFile(htmlPage, function (err, data){
        if (err) {
            res.writeHead(500);
            return res.end('Error loading file: ' + htmlPage);
        }
        res.writeHead(200);
        res.end(data);
    });
}

httpServer.listen(8088);
io.sockets.on('connection', onConnect);

function onConnect(socket) {
    socket.on('analogWrite', handleAnalogWrite);
}

function handleAnalogWrite(message) {
    var data = JSON.parse(message);
    console.log("Analog write pin : " + data.pin + "  value:" + data.value);
    bb.analogWrite(data.pin, data.value);
}
```

그림 5.14 analogWrite 실습의 서버 코드 (analog_server.js)

이 코드에서 처음 실행하는 것은 라인 22와 라인 23이다. 나머지는 모두 변수 선언과 함수 정의 부분이다. 라인 22에서 httpServer 라는 웹 서버를 port 8088을 통해서 수신해야(listen) 하는데 라인 22의 한 줄로 간단하게 표현되었지만 이것을 수행하기 위해서 httpServer 웹 서버 객체가 만들어져야 한다. 이 객체는 라인 4에서 http.createServer(handler) 메서드를 통해서 만들어진다. 라인 4의 메서드는 다시 http 객체를 필요로 하는데 이것은 라인 3의 http 모듈을 require()해야 한다. 일단 httpServer.listen(8088)이 실행하면 라인 4에서 지정된 handler() 함수가 실행되게 되며 이때 지정된 htmlPage 즉, aLed.html 파일이 클라이언트(스마트 폰)로 전송된다. 그림 5.15에 aLed.html 파일을 보여준다.

```
bbb@Desktop: ~
 1 //aLed.html
 2
 3 <html>
 4 <head>
 5     <script src = "/socket.io/socket.io.js" > </script>
 6     <script>
 7     var socket = io.connect();
 8     function updateSlider(value){
 9         socket.emit('analogWrite', '{"pin":"P9_14", "value":'+ value / 100 +'}');
10     }
11     </script>
12 </head>
13
14 <body>
15     <h1 style="font-size:60pt;">Analog Control of LED</h1>
16     <input type="range" min="0" max="100" step="1" value="50" style="width: 520px;"
17  onchange="updateSlider(this.value)"/>
18 </body>
19 </html>
~
```

그림 5.15 analogWrite 실습의 클라이언트 코드 (aLed.html)

스마트 폰에서 슬라이드 바를 터치하면 라인 17의 updateSlider() 함수가 실행되는데 이것은 라인 8에 정의되어 있다. 라인 9에서는 socket.emit() 메서드를 사용해서 이벤트 메시지를 서버로 전송한다. 여기서 socket 객체는 라인 7에서 io.connect() 메서드에 의해 만들어지는데 이 메서드는 라인 5가 있어야 가능하다.

실습 5.3 | analogWrite (웹 인터페이스)

1. BBB와 스마트 폰을 WiFi에 연결하여 동일 서브 넷에 있도록 한다.
2. socket.io 모듈이 설치되어 있는지 확인한다.
   #ls /usr/local/lib/node_modules
   이미 설치되어 있으면 3)번으로 이동하고 설치 되어 있지 않으면 socket.io를 설치한다.(local 설치, #npm install socket.io)
3. 그림 5.12를 참고하여 회로를 구현한다,
4. BBB에서 서버 프로그램을 실행한다.
   #node analog_server.js
5. 스마트 폰에서 BBB 웹 접속한다. port 번호는 8088을 이용하여 접속한다.
6. 스마트 폰에서 슬라이드 바를 움직이면서 LED의 밝기가 변하는지 확인한다.
7. PC Desktop의 minicom에서 그림 5.16과 같은 모니터링 화면을 확인한다. 이것은 그림 5.14의 프로그램에서 라인 31의 console.log() 메서드에 의해 보이는 것이다.

```
~
"analog_server.js" 32L, 772C written
root@beaglebone:~/BBB# node analog_server.js
Analog write pin : P9_14  value:0.83
Analog write pin : P9_14  value:0.76
Analog write pin : P9_14  value:0.6
Analog write pin : P9_14  value:0.43
Analog write pin : P9_14  value:0.95
Analog write pin : P9_14  value:1
Analog write pin : P9_14  value:0.25
Analog write pin : P9_14  value:0
Analog write pin : P9_14  value:0.53
```

그림 5.16 analogWrite 실습의 결과 모니터링 화면

CHAPTER 6

리눅스 운영체제 설치

BBB에서의 임베디드 소프트웨어 개발은 크게 Linux 운영체제 포팅(또는 설치)과 하드웨어 장치를 구동하기 위한 디바이스 드라이버(Device Driver) 개발로 분류될 수 있다. 포팅이란 용어는 리눅스를 설치하지 않은 보드에 처음으로 설치하는 것을 말하지만 본 서에서는 교육적 목적에서 리눅스 설치를 포팅이란 용어와 혼용한다. BBB 보드는 아두이노(Arduino) 보드와는 다르게 운영체제를 가지고 있으며 Desktop Linux에서 사용하는 것과 같은 리눅스 커널을 사용한다. 리눅스 소프트웨어는 크게 Linux Kernel (www.kernel.org)과 배포판(Distribution)으로 구성된다.

리눅스 Kernel의 버전은 대략 65-70일 만에 업그레이드된다. 버전 3.0은 2011/7/21에 발표되었으며 버전 4.3은 2015/11/1일 발표되었다. 2016년 1월 10일 안정화 버전(Stable Kernel) 4.4가 발표(Release)되었으며 2018년 12월 현재 최신 안정화 버전은 4.19.10이다. BBB에서는 기본적으로 버전 3.8이 설치되어 있다. BBB에 로그인 한 다음 (그림 6.1)에 커널 버전을 확인해 보자.

```
#uname -r
```

-r 옵션(option)에서 r은 release를 의미한다.

```
#uname –a
```

여기서 -a 옵션은 all을 의미한다. 커널 버전뿐만 아니라 cpu 정보 등 다양한 정보를 보여준다.

안드로이드(Android) 스마트 폰은 리눅스 커널을 사용하므로 스마트 폰의 설정화면에서 디바이스 정보-소프트웨어 정보 화면을 보면 커널 버전을 알 수 있다.

```
Debian GNU/Linux 7 beaglebone tty00

default username:password is [debian:temppwd]

Support/FAQ: http://elinux.org/Beagleboard:BeagleBoneBlack_Debian

The IP Address for usb0 is: 192.168.7.2
beaglebone login: root
Last login: Wed Apr 23 20:55:33 UTC 2014 on tty00
Linux beaglebone 3.8.13-bone47 #1 SMP Fri Apr 11 01:36:09 UTC 2014 armv7l

The programs included with the Debian GNU/Linux system are free software;
the exact distribution terms for each program are described in the
individual files in /usr/share/doc/*/copyright.

Debian GNU/Linux comes with ABSOLUTELY NO WARRANTY, to the extent
permitted by applicable law.
root@beaglebone:~# uname -r
3.8.13-bone47
root@beaglebone:~# uname -a
Linux beaglebone 3.8.13-bone47 #1 SMP Fri Apr 11 01:36:09 UTC 2014 armv7l GNU/Linux
root@beaglebone:~#
```

그림 6.1 BBB에서 로그인 후 커널버전 확인

BBB에서는 기본적으로 그림 6.1 같이 데비안(Debian) 리눅스를 배포판 버전으로 제공한다. 그러나 우리는 최근 널리 사용되는 우분투(Ubuntu) 리눅스를 설치하고자 한다. 물론 데비안 리눅스를 포팅할 수도 있다. 우분투 리눅스는 매년 4월과 10월에 업데이트 버전을 발표한다. 그러나 LTS(Long Term Service) 버전은 2018년 12월 현재 18.04.1이 최근 것이다. 리눅스 배포판은 크게 Redhat(www.redhat.com) 계열과 Debian 계열로 나뉘는데 우분투 리눅스는 Debian 계열에서 파생된 것이다.

6.1 우분투 리눅스 설치와 부팅(Nelson 이미지)

우분투 리눅스 이미지를 microSD 카드에 설치하기 전에 시리얼 케이블을 사용하여 부팅 메시지를 관찰하여 보자. 시리얼 케이블 사용법을 익힌 다음에 Nelson 이미지를 설치한다.

6.1.1 시리얼 케이블과 통신 프로그램(minicom)

BBB에는 J1으로 명명된 6핀의 시리얼 디버그 핀이 있다. 이 핀에 그림 6.2처럼 PL2303 시리얼 케이블을 연결한다. 6핀 중에서 3핀(TXD, RXD, GND)만 사용한다. BBB의 J1 커넥터의 핀 번호는 LAN 커넥터가 오른쪽으로 향하게 할 때 우측부터 1번, 2번순으로 번호가 매겨져 있다. PIN 1번이 GND가 되며 PL2303 케이블의 검은 색 핀을 연결시킨다. PL2303 케이블의 USB 측에 FT232R이라는 USB-to-UART interface 칩이 내장되어 있어서 3.3V RS232 프로토콜을 지원한다. 그림 6.3은 PC와 BBB 사이의 핀 구성을 보여준다.

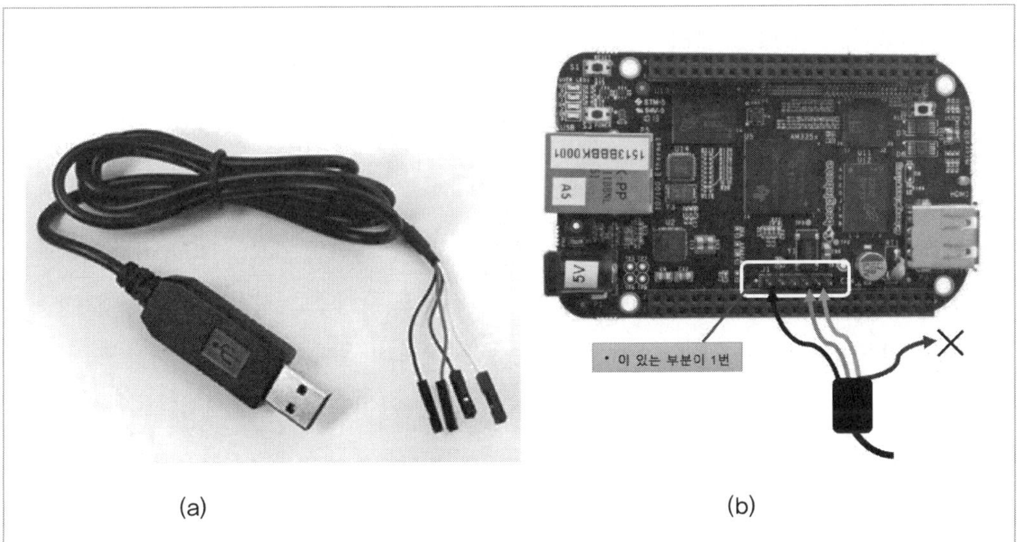

그림 6.2 PL2303 케이블과 BBB 연결

```
PC ------------ BBB
Black: GND ------- GND (PIN1 of J1)
Green(3.3V) TXD---RXD (PIN4 of J1)
White(3.3V) RXD---TXD (PIN5 of J1)
Red : 5V (사용하지 않음)
Key: FT232R chip
```

그림 6.3 PL2303 케이블의 핀 구성

PL2303 시리얼 디버그 케이블을 이용하여 PC와 BBB 사이를 연결한 다음에 PC 리눅스에서 시리얼 통신 프로그램을 실행시킨다. MS Windows에서도 많은 시리얼 통신 프로그램이 있지만 리눅스에도 많은 시리얼 통신 프로그램이 있다. 그 중에서 우리는 minicom을 사용해보자. ssh에서와 마찬가지로 설치가 안 되어 있다면 apt-get install 명령어를 사용해서 미리 설치한 후에 실행한다.

```
$sudo apt-get install minicom
```

minicom은 사용하기 전에 그림 6.4와 같이 세팅을 해야 한다. 명령은 -s 옵션을 사용한다.

```
$sudo minicom -s
```

serial port setup에서 /dev/ttyUSB0, 115,200bps, 8N1(8 data, No parity, 1 stop bit)으로 하고 hardware, software flow control은 모두 NO로 지정한 다음에 Save setup as dfl로 저장한다. 그 다음에 세팅 화면을 빠져 나온다.

세팅이 끝난 후에 minicom 프로그램을 -s 옵션 없이 다시 실행시킨다.

```
$sudo minicom
```

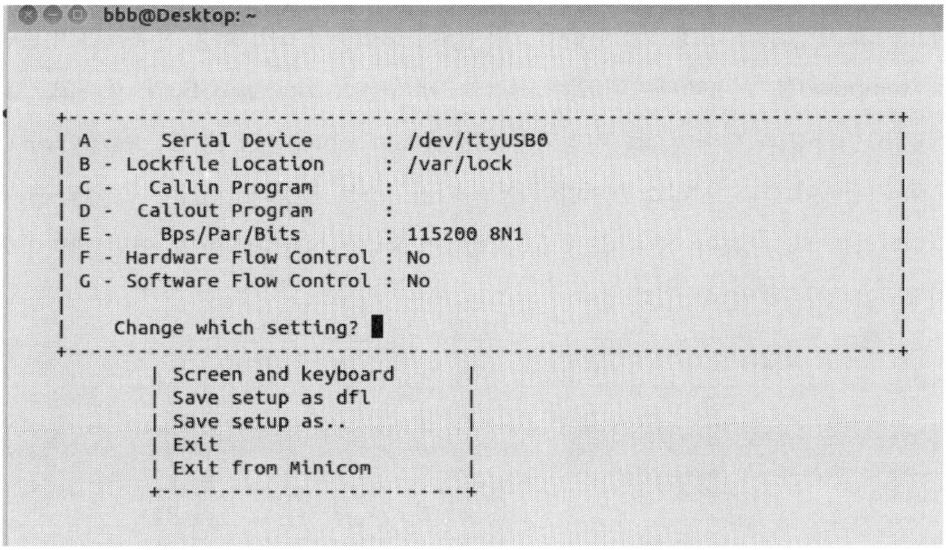

그림 6.4 minicom 세팅 화면

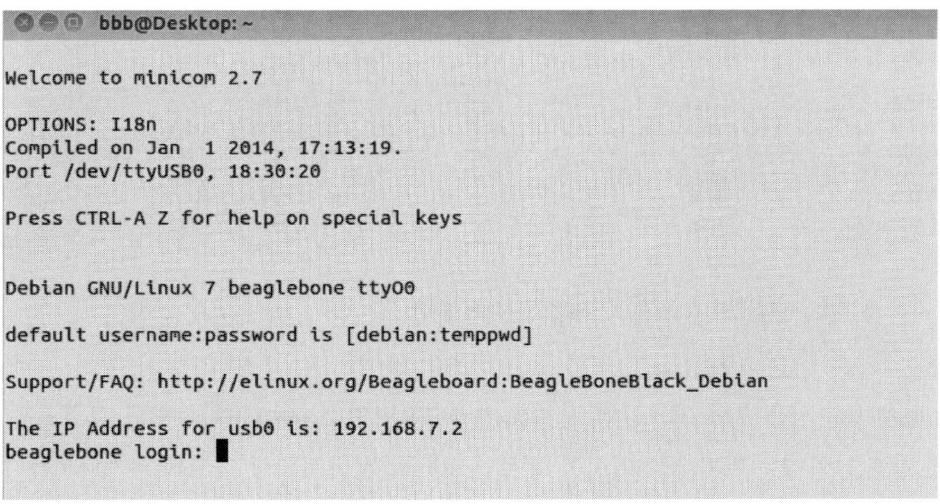

그림 6.5 시리얼 케이블을 이용한 BBB 로그인 화면

그림 6.5에서 beaglebone login:에서 root를 타이핑하고 엔터키를 누르면 비밀번호를 물어보지 않는다. 또한 login에서 그림 6.5에 보이듯이 **debian**을 사용하면 비밀번호로 **temppwd**를 사용한다. 때로는 시리얼 케이블이 /dev/ttyUSB0가 아니고 /dev/ttyUSB1이나 기타 디바이스로 지정되기 때문에 minicom을 세팅할 때 /dev/ttyUSB1 등으로 지정해야 한다. 시리얼 케이블이 어느 디바이스로 지정되어 있는지를 알려면 /dev 디렉터리를 리스트해야 한다. 그림 6.6처럼 ls /dev를 실행하면 현재 어떤 디바이스로 지정되어 있는지 알 수 있다.

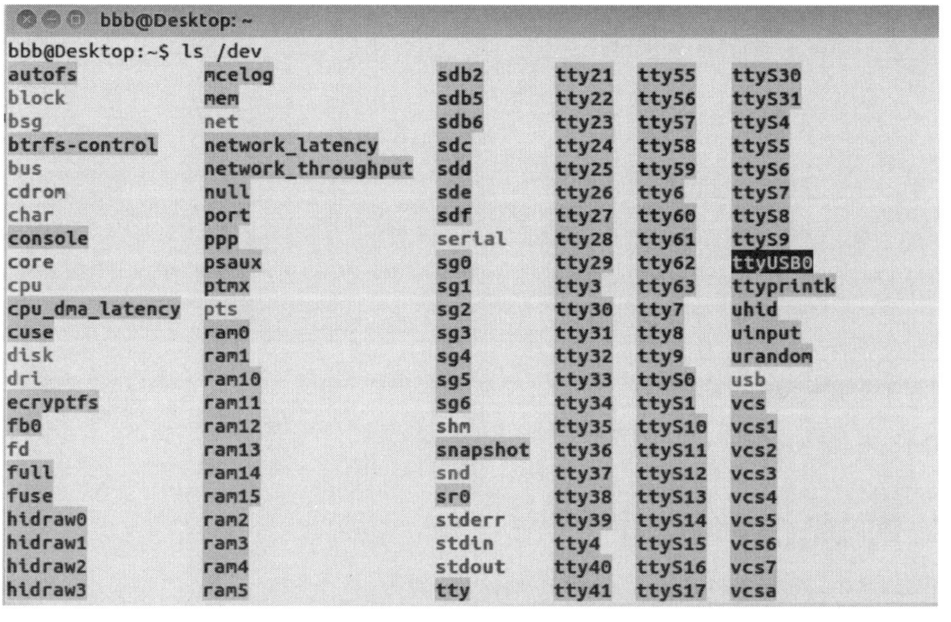

그림 6.6 시리얼 케이블이 /dev/ttyUSB0로 지정된 화면

minicom 사용 중에 프로그램 자체를 빠져나오려면 control-a를 누르면 그림 6.7처럼 맨 아랫줄에 메뉴 바가 보이며 q를 누르면 minicom 프로그램 자체를 빠져나오는 것을 물어보게 된다. q 대신에 z를 누르면 minicom 프로그램의 help 메뉴가 그림 6.8과 같이 보이게 된다.

```
bbb@Desktop: ~
root@beaglebone:~#



                          +----------------------+
                          | Leave without reset? |
                          |   Yes        No      |
                          +----------------------+




CTRL-A Z for help | 115200 8N1 | NOR | Minicom 2.7 | VT102 | Online 0:1 | yUSB0
```

그림 6.7 minicom menu 화면(ctrl–a)

```
bbb@Desktop: ~
The IP Address for usb0 is: 192.168.7.2
beaglebo+-----------------------------------------------------------------+
Last log|                    Minicom Command Summary                      |
Linux be|                                                                 |
        |              Commands can be called by CTRL-A <key>             |
The prog|                                                                 |
the exac|               Main Functions                  Other Functions   |
individu|                                                                 |
        | Dialing directory..D  run script (Go)....G | Clear Screen.......C |
Debian G| Send files.........S  Receive files......R | cOnfigure Minicom..O |
permitte| comm Parameters....P  Add linefeed.......A | Suspend minicom....J |
root@bea| Capture on/off.....L  Hangup.............H | eXit and reset.....X |
Linux be| send break.........F  initialize Modem...M | Quit with no reset.Q |/Linux
root@bea| Terminal settings..T  run Kermit.........K | Cursor key mode....I |
logout  | lineWrap on/off....W  local Echo on/off..E | Help screen........Z |
        | Paste file.........Y  Timestamp toggle...N | scroll Back........B |
Debian G| Add Carriage Ret...U                                            |
        |                                                                 |
default |             Select function or press Enter for none.            |
        +-----------------------------------------------------------------+
Support/FAQ: http://elinux.org/Beagleboard:BeagleBoneBlack_Debian

The IP Address for usb0 is: 192.168.7.2
CTRL-A Z for help | 115200 8N1 | NOR | Minicom 2.7 | VT102 | Online 0:38 | ttyUSB0
```

그림 6.8 minicom help 화면(ctrl–a, z)

실습 6.1 | 시리얼 디버그 케이블 연결

1. 시리얼 케이블을 J1 커넥터에 연결한다.
2. ls /dev 명령어로 /dev/ttyUSB0 또는 /dev/ttyUSB1 등의 포트를 확인한다.
   포트가 확인되지 않으면 시리얼 케이블이 동작하지 않는 것이다. 핀 번호를 다시 확인한다.

실습 6.2 | minicom 설치 및 설정

1. minicom이 설치되어 있지 않다면 다음 명령어로 설치한다.
   sudo apt-get install minicom
2. 다음 명령어로 minicom을 설정한다. (처음 1회만 설정하고 설정상태를 저장하면 계속 설정된 상태를 사용할 수 있다.)
   sudo minicom -s
   Serial Device 이름을 /dev/ttyUSB0로 변경한다.(경우에 따라서 ttyUSB1 등과 같이 숫자는 변할 수 있다. ls /dev에서 전확한 디바이스 이름을 알 수 있다)
   Bps/Par/Bits는 115,200bps, 8N1(8 Data, No parity, 1 Stop bit)
   Hardware Flow Control : NO 로 변경한다.
   Software Flow Control : 처음 값 그대로 NO로 한다.
   save as dfl(default)로 저장한다.
   exit으로 설정화면을 빠져나옴
   minicom 프로그램 자체를 빠져나오는 키는 CTRL-a, 그리고 q 키를 누른다.

실습 6.3 | minicom 실행

1. minicom을 실행하고 부팅메시지를 자세히 관찰한다.
   sudo minicom
   BBB에 USB 케이블로 Power를 연결한다.
2. 로그인은 다음 두 가지 account로 가능하다.
   Debian: debian/temppwd , root/temppwd, Ubuntu: ubuntu/temppwd
3. 다음 명령어로 커널 버전을 확인한다.
   uname -r

6.1.2 Ubuntu 리눅스(Nelson 이미지) 설치

기존에 이미 컴파일되어 설치가 쉬운 우분투 리눅스 이미지를 microSD 메모리 카드에 설치해 보자. Richard C. Nelson은 웹 사이트(https://www.rcn-ee.com)를 운영하는데 BBB를 위한 우분투 리눅스의 이미지 파일이 있으므로 이 사이트에서 이미지 파일을 다운로드하여 설치한다. 2019년 12월 현재 Ubuntu 리눅스 버전 18.04.2가 Nelson 웹 사이트에 업로드되어 있다. 이것은 2019년 6월 15일에 업데이트 되었다는 의미로 다음과 같은 파일을 볼 수 있다.

```
https://rcn-ee.com/rootfs/2019-06-15/elinux/ubuntu-18.04.2-console-armhf-20
19-06-15.tar.xz (343MB)
```

BBB는 eMMC 메모리(내장 플래쉬 메모리 : 내장 HDD와 같은 역할)에 MLO(Mmc LOader) 파일이 없으면 Bootloader가 없는 것으로 간주된다. eMMC에 부트로더가 없으면 MMC 메모리(외장 microSD 플래쉬 메모리 : 외장 보조 기억장치 역할)에서 부트로더를 읽는다. 그러나 Boot 버튼을 누른 상태로 전원을 인가하면 항상 MMC (microSD)에서 MLO를 읽어 들인다. MLO는 Xloader 또는 SPL(Second Program Loader)이라고도 한다. 1st Loader는 AM335x에 있다는 의미에서 2nd Loader라고 한다.

Ubuntu 리눅스의 부팅 절차는 아래와 같다.

1) BBB에 전원이 인가되면 AM335x 프로세서는 MLO 파일을 읽어서 실행.
2) MLO는 u-boot.img를 읽어 들임. 이 때 설정파일 uEnv.txt 를 읽어서 부팅 옵션을 정함
3) u-boot.img는 kernel을 읽어 들임
4) Kernel은 RFC(root file system)를 읽어 들임
   즉 BBB에 내장되어 있는 eMMC 메모리(내장 플래쉬)에서 Debian 리눅스가 부팅이 되던가 아니면 Boot 버튼을 누르고 전원을 공급하여 MMC 메모리(외장 플래쉬)에서 Ubuntu 리눅스가 부팅이 되든지 두 가지 중 하나가 될 것이다.

실습 6.4 | Ubuntu 리눅스 다운로드 및 설치

1. https://www.rcn-ee.com/rootfs/2018-08-10/elinux/ 에 접속하여 아래 파일을 다운로드 받는다. ubuntu-18.04.1-console-armhf-2018-08-10.tar.xz
   (파일 크기: 288MB) 이 파일 대신에 다른 최신 파일을 설치해도 된다.
2. 다운로드 폴더에서 다운로드된 파일을 압축해제하고 만들어진 ubuntu-18.04.1* 디렉토리 전체를 홈 디렉토리로 이동시킨다.
3. cd 명령어를 이용하여 ubuntu-18.04.1* 디렉토리로 이동한다.
4. 4GB 보다 큰 microSD 카드를 PC에 장착시키고 터미널에서 lsblk 명령을 실행시킨다. 이 명령은 /dev/sdX에서 X를 알아내기 위함이다.
5. sudo ./setup_sdcard.sh --mmc /dev/sdX --dtb beaglebone
   몇 분 정도 기다리면 설치가 완료된다. (그림 6.2 참조)

실습 6.5 | Ubuntu 리눅스 부팅(microSD)

1. microSD 메모리를 BBB에 장착한다.
2. BBB에 연결된 시리얼 케이블을 PC에 연결한다.
3. 터미널에서 minicom을 실행한다.
4. BBB의 Boot 버튼을 누른 상태에서 USB 케이블 (또는 Power Adapter)을 BBB에 연결하고 Boot 버튼에서 손을 뗀다.
5. minicom 화면에서 부팅 메시지들이 보인다.
6. login/password에 ubuntu/temppwd를 입력하면 로그인된다.
7. uname -r 명령을 실행하여 kernel 버전을 확인한다.

6.2 우분투 리눅스 개발환경 및 도구

리눅스의 개발환경은 네이티브(Native) 개발환경과 교차(Cross) 개발환경이 있다. 네이티브 개발환경은 BBB에서 실행하는 프로그램을 BBB에서 개발하는 것이고, 교차개발 환경은 BBB에서 실행하는 프로그램을 다른 컴퓨터에서 개발한 다음에 BBB로 복사해서 실행하는 것이다. 예를 들어서, PC에서 실행되는 PC 게임을 PC에서 개발하면 네이티브 개발이고 Android 스마트 폰에서 실행되는 App을 PC에서 개발하면 교차개발이

되는 것이다. BBB에는 실행하는 운영체제를 개발하기 위해서는 여러 가지 도구 프로그램이 필요하기 때문에 교차 개발환경이 훨씬 효과적이다. 따라서 Ubuntu 리눅스 운영체제를 설치하는 본 장에서는 교차개발 환경을 중심으로 설명한다.

BBB와 연결하여 키보드와 모니터를 제공하고 개발환경을 제공하는 교차개발 환경의 컴퓨터는 64-bit Ubuntu Linux (https://www.ubuntu.com)를 사용하기로 한다. 32-bit 리눅스는 향후에 Android 운영체제를 포팅(Porting)할 때 문제가 된다. 따라서 처음부터 64-bit 리눅스를 사용하는 것이 좋다. Ubuntu Linux 18.04.1의 64bit Desktop 버전을 PC에 설치한다. 설치 후에 Terminal과 X Windows를 서로 교차하면서 넘나들 수 있는데 명령어는 CTRL-ALT-F1을 누르면 첫 번째 터미널이 열린다. 총 6개의 터미널을 제공하는데 여섯 번째 터미널은 CTRL-ALT-F6를 누르면 된다. X Windows로 되돌아오려면 CTRL-ALT-F7(또는 ALT-F7)을 누르면 되돌아온다.

교차개발 환경에서 목표 장치(Target machine, 여기서는 BBB)에서 동작하는 하드웨어 및 소프트웨어를 개발하기 위해서 호스트(Host, 여기서는 Ubuntu Desktop 리눅스 PC) 컴퓨터의 키보드와 모니터를 개발자에게 제공하여 BBB를 제어하는 방법에는 크게 두 가지가 있는데. 본서의 1장에서 기술한 USB 케이블을 이용하는 방법과 6핀의 디버그 시리얼 케이블(PL2303)을 이용하는 방법이다. 시리얼 케이블을 이용하면 BBB가 부팅할 때부터 모든 메시지를 볼 수 있다는 장점이 있기 때문에 실제 개발에서는 시리얼 케이블 방법이 많이 사용된다.

리눅스의 부트 로더와 커널의 소스 코드를 다운로드하고 컴파일하는데 필요한 유틸리티 도구 소프트웨어를 먼저 익히는 순서가 필요하다. 크게 버전 제어 시스템인 git, 그리고 Toolchain이라 불리는 arm 프로세서 컴파일러로서 Linaro compiler가 필요하다. 또한 microSD 메모리를 다루는 기술이 필요하다.

6.2.1 git(fast version control system)

프로그램 개발을 할 때 소스 코드의 버전관리가 문제가 된다. 혼자서 개발하면 문제가 없지만 현대 프로그램은 대부분 여럿이서 협력하여 개발하는데 이때 분산된 시스템에서 소스코드를 관리(Source code management)하고 버전을 관리 또는 제어하는 시스템(Version control system)이 필요하다. 이런 기능의 프로그램이 여럿 있지만 본서에서는 git을 사용하기로 한다.

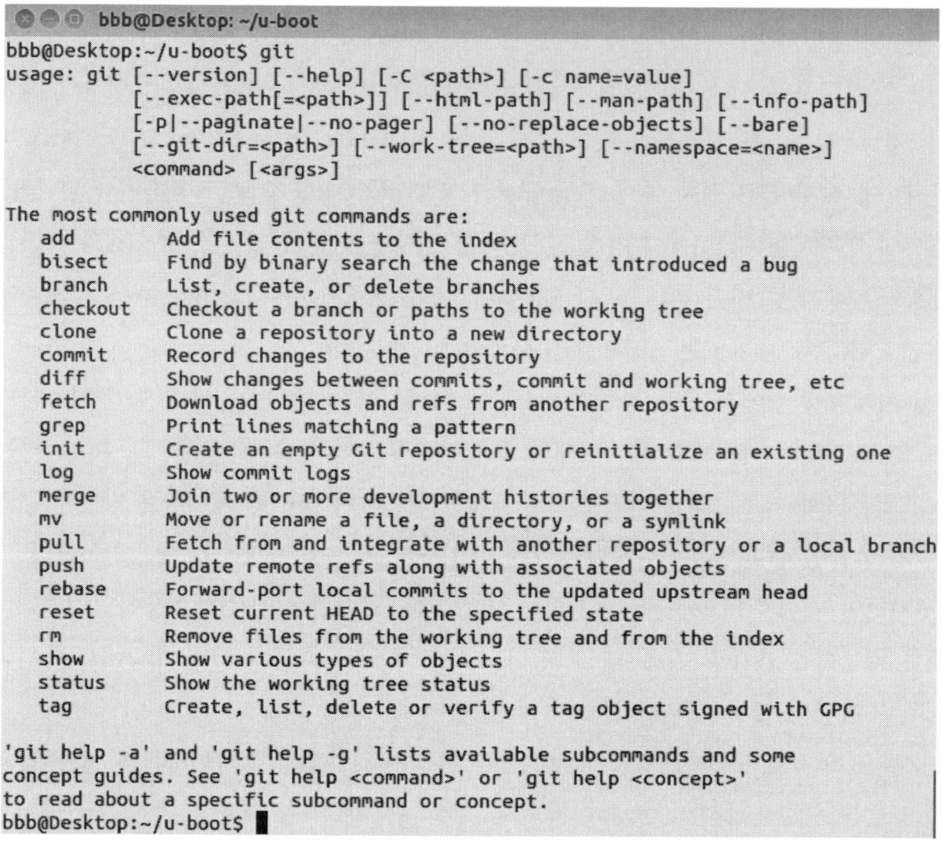

```
bbb@Desktop: ~/u-boot
bbb@Desktop:~/u-boot$ git
usage: git [--version] [--help] [-C <path>] [-c name=value]
           [--exec-path[=<path>]] [--html-path] [--man-path] [--info-path]
           [-p|--paginate|--no-pager] [--no-replace-objects] [--bare]
           [--git-dir=<path>] [--work-tree=<path>] [--namespace=<name>]
           <command> [<args>]

The most commonly used git commands are:
   add        Add file contents to the index
   bisect     Find by binary search the change that introduced a bug
   branch     List, create, or delete branches
   checkout   Checkout a branch or paths to the working tree
   clone      Clone a repository into a new directory
   commit     Record changes to the repository
   diff       Show changes between commits, commit and working tree, etc
   fetch      Download objects and refs from another repository
   grep       Print lines matching a pattern
   init       Create an empty Git repository or reinitialize an existing one
   log        Show commit logs
   merge      Join two or more development histories together
   mv         Move or rename a file, a directory, or a symlink
   pull       Fetch from and integrate with another repository or a local branch
   push       Update remote refs along with associated objects
   rebase     Forward-port local commits to the updated upstream head
   reset      Reset current HEAD to the specified state
   rm         Remove files from the working tree and from the index
   show       Show various types of objects
   status     Show the working tree status
   tag        Create, list, delete or verify a tag object signed with GPG

'git help -a' and 'git help -g' lists available subcommands and some
concept guides. See 'git help <command>' or 'git help <concept>'
to read about a specific subcommand or concept.
bbb@Desktop:~/u-boot$
```

그림 6.9 git의 help 메시지

git은 서버가 한 군데에 있는 중앙 집중적 시스템이 아니고 여러 군데 분산된 버전관리 시스템이다. git을 사용해서 U-boot 같은 프로그램 소스코드를 다운로드한다고 가정하자. 처음에 도움말부터 보자.

```
$git
```

이 명령어를 수행한 결과 화면이 그림 6.9에 나타나 있다. 이것은 git --help 또는 git help와 같은 결과를 나타낸다.

git의 설정 작업은 최신 버전의 리눅스(18.04)에서는 더 이상 필요하지 않게 되었다. 그러나 필요한 경우가 있는데 그럴 때에는 그림 6.10처럼 설정(config) 작업을 해야 한다. 여기서 "Gildong Hong" 대신에 각자의 이름을 사용한다. 첫째와 셋째 줄에 있는 !1778과 !1779는 리눅스의 history 명령을 실행한 것이다. 이 작업 완료 후에 .gitconfig 파일이 생성된다.

```
bbb@Desktop: ~
bbb@Desktop:~$ !1778
git config --global user.name "Gildong Hong"
bbb@Desktop:~$ !1779
git config --global user.email ghong@gmail.com
bbb@Desktop:~$ ls -a .git*
.gitconfig
bbb@Desktop:~$ more .gitconfig
[user]
        name = Gildong Hong
        email = ghong@gmail.com
bbb@Desktop:~$
```

그림 6.10 git config

```
bbb@Desktop: ~/u-boot
bbb@Desktop:~$ git clone git://git.denx.de/u-boot.git
Cloning into 'u-boot'...
remote: Counting objects: 371488, done.
remote: Compressing objects: 100% (68691/68691), done.
remote: Total 371488 (delta 298740), reused 368922 (delta 296364)
Receiving objects: 100% (371488/371488), 81.85 MiB | 1.96 MiB/s, done.
Resolving deltas: 100% (298740/298740), done.
Checking connectivity... done.
bbb@Desktop:~$ cd u-boot
bbb@Desktop:~/u-boot$ ls
Kbuild       MAKEALL   arch    config.mk  drivers   include  scripts
Kconfig      Makefile  board   configs    dts       lib      snapshot.commit
Licenses     README    cmd     disk       examples  net      test
MAINTAINERS  api       common  doc        fs        post     tools
bbb@Desktop:~/u-boot$
```

그림 6.11 git clone (u-boot)

그림 6.11에서 git clone 명령어를 이용해서 u-boot 소스코드를 네트웍에서 다운받아서 ~/u-boot 디렉터리에 저장한다. 이후에 이 디렉터리로 이동한다.

```
bbb@Desktop:~/u-boot$ git branch
* master
bbb@Desktop:~/u-boot$ git status
On branch master
Your branch is up-to-date with 'origin/master'.

nothing to commit, working directory clean
bbb@Desktop:~/u-boot$
```

그림 6.12 git branch, git status

git branch는 모든 브랜치(branch) 이름을 보여준다. 처음 디폴트로 master 브랜치를 가리킨다(*는 현재 브랜치를 알려줌). git status는 현재 브랜치의 상태를 알려준다. 이제 u-boot 소스코드를 컴파일해야 하는데 버전을 선택해야 한다. 어떤 버전이 있는지 git tag 명령어로 살펴본다.

```
bbb@Desktop: ~/u-boot
v2015.01-rc3
v2015.01-rc4
v2015.04
v2015.04-rc1
v2015.04-rc2
v2015.04-rc3
v2015.04-rc4
v2015.04-rc5
v2015.07
v2015.07-rc1
v2015.07-rc2
v2015.07-rc3
v2015.10
v2015.10-rc1
v2015.10-rc2
v2015.10-rc3
v2015.10-rc4
v2015.10-rc5
v2016.01
v2016.01-rc1
v2016.01-rc2
v2016.01-rc3
v2016.01-rc4
bbb@Desktop:~/u-boot$ git tag
```

그림 6.13 git tag

브랜치의 생성은 git branch 〈new_branch_name〉을 실행한다.

```
$git branch tmp
```

브랜치 전환은 git checkout 〈branch_name〉을 실행한다.

```
$git checkout tmp (현재 브랜치가 tmp가 됨. 즉, HEAD를 tmp로 이동)
```

HEAD는 현재 브랜치를 가리키는 일종의 포인터(pointer)이다.

다음 명령어는 -b 옵션을 사용한 명령으로 브랜치 tmp1을 생성하면서 브랜치 전환(checkout)을 동시에 한다.

```
$git checkout -b tmp1
```

-d 옵션을 사용하면 브랜치를 삭제할 수 있다. 그러나 현재 브랜치는 삭제할 수 없다.

```
$git branch -d tmp
```

정리하면 브랜치 목록확인은 git branch, 브랜치 생성은 git branch 〈branch_name〉, 브랜치 전환은 git checkout 〈branch_name〉, 브랜치 삭제는 git branch -d 〈branch_name〉 이다. git branch -D 〈branch_name〉은 강제로 삭제하는 것이다.

다음 명령은 브랜치 tmp를 생성 및 전환하고 u-boot의 버전 v2016.01을 HEAD가 가리키도록 동시에 작업한다(그림 6.14 참조).

```
$git checkout -b tmp v2016.01 (또는 $git checkout v2016.01 -b tmp)
```

즉, 브랜치 tmp는 u-boot의 버전 v2016.01을 가리키게 된다.

```
$git checkout -b tmp3 v2015.07
```

이를 실행하면 2015년 7월 버전의 u-boot가 현재 브랜치가 된다. 즉 옛 버전의 부트로더를 컴파일 할 수 있다.

```
bbb@Desktop:~/u-boot$ git checkout -b tmp v2016.01
Switched to a new branch 'tmp'
bbb@Desktop:~/u-boot$ git branch
  master
* tmp
bbb@Desktop:~/u-boot$ git show
commit fa85e826c16b9ce1ad302a57e9c4b24db0d8b930
Author: Tom Rini <trini@konsulko.com>
Date:   Tue Jan 12 09:06:54 2016 -0500

    Prepare v2016.01

    Signed-off-by: Tom Rini <trini@konsulko.com>

diff --git a/Makefile b/Makefile
index 8fe7787..100de92 100644
--- a/Makefile
+++ b/Makefile
@@ -5,7 +5,7 @@
 VERSION = 2016
 PATCHLEVEL = 01
 SUBLEVEL =
```

그림 6.14 git checkout, git show

git show는 현재 브랜치 tmp3의 버전 정보를 알려준다(그림 6.15 참조). 현재 브랜치는 git branch 명령을 수행했을 때 * 로 알려준다.(* tmp3)

파일 작업 후 빠져나올 때 에러가 나는 경우가 있는데 이럴 경우에는 git stash 명령어를 실행한다. Stash는 마무리하지 않은 작업을 스택에 저장하는 것으로서 추후 git stash apply로 다시 복구해서 작업할 수 있다.

git 명령어에 대한 한글 간편 안내서는 다음과 같다.

```
http://rogerdudler.github.io/git-guide/index.ko.html
```

git의 그래픽 버전을 gitk라고 한다. 설치 후에 사용한다.

```
$sudo apt-get install gitk
$gitk
```

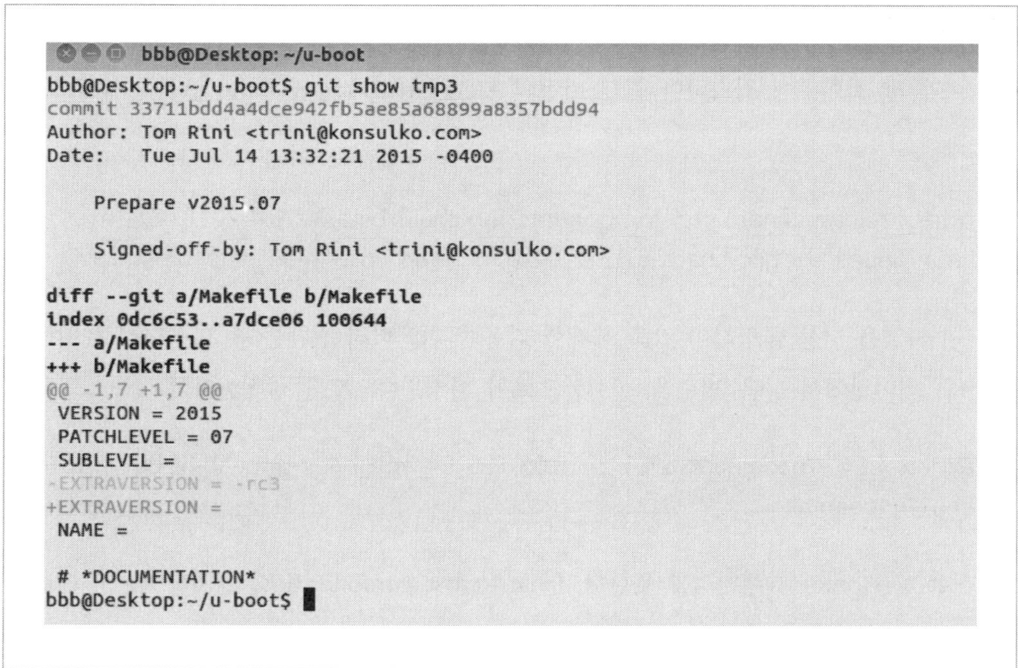

그림 6.15 git checkout -b tmp v2015.07

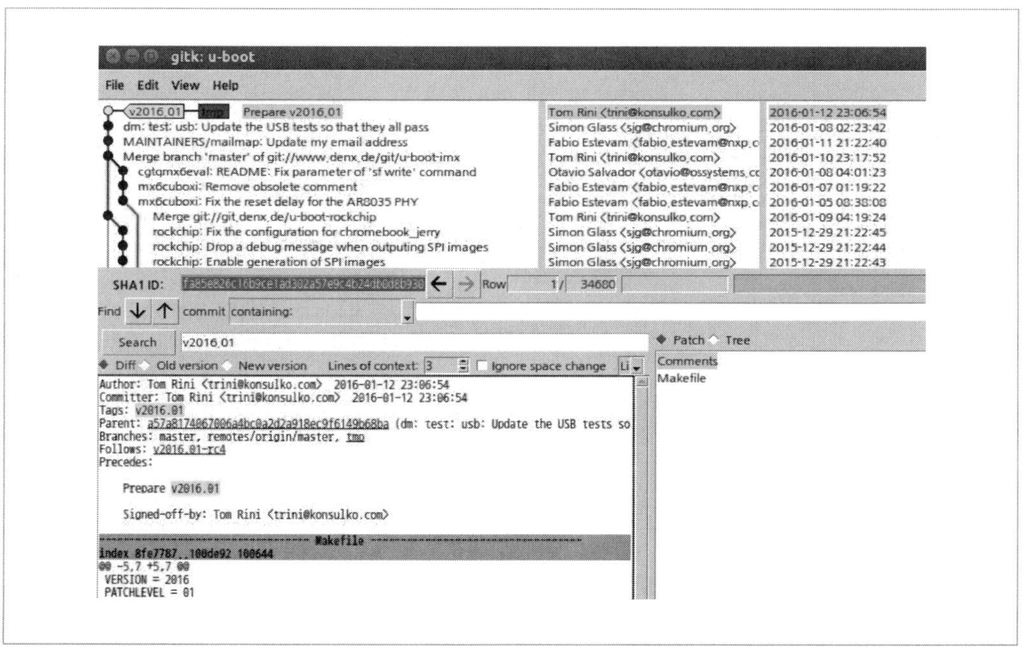

그림 6.16 gitk

6.2.2 ARM Cross Compiler

아래 웹 사이트에 접속하여 최신 버전의 ARM Linaro cross compiler를 다운로드 받는다.

```
https://releases.linaro.org/components/toolchain/binaries/6.4-2018.05/arm-linux-gnueabihf/gcc-linaro-6.4.1-2018.05-x86_64_arm-linux-gnueabihf.tar.xz
```

이 파일을 더블 클릭하여 압축 해제한 다음에 디렉터리 전체를 홈 디렉터리로 이동시킨다. 터미널에서 다음 명령을 실행함으로써 환경변수 CC를 설정한다.

```
export CC=~/gcc-linaro-6.4.1-2018.05-x86_64_arm_linux-gnueabihf/bin/arm-linux-gnueabihf-
```

~는 홈(Home) 디렉터리를 뜻한다. Linaro cross compiler가 잘 설치되었는지 테스트해 본다.

```
${CC}gcc --version
```

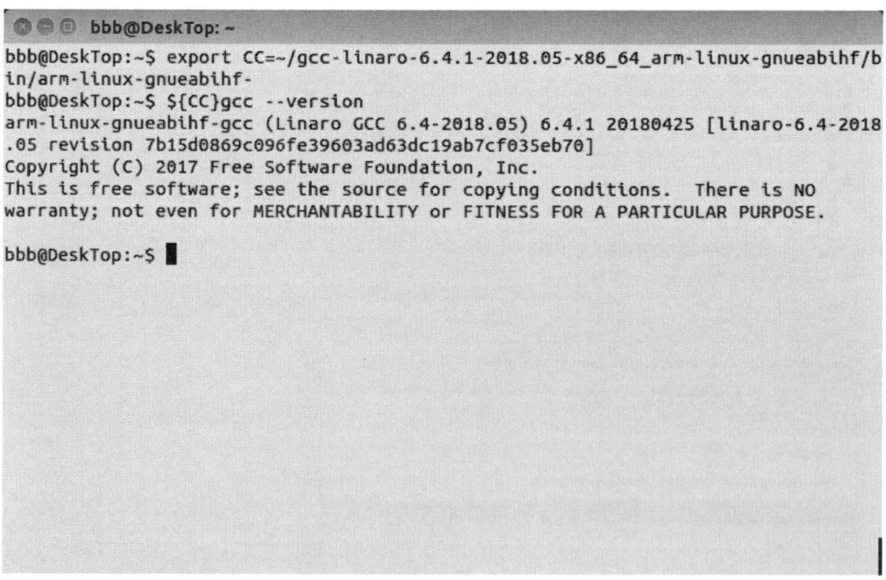

그림 6.17 환경변수 CC 설정

위 라인에서 CC 환경변수를 읽으려면 변수 앞에 $를 넣어야 한다. 그림 6.17에서 환경 변수 CC를 설정했는데 터미널을 닫고 새로 터미널을 열면 환경 변수가 사라진다. 이러한 점을 보완하려면 그림 6.18처럼 .bashrc 파일의 마지막 라인에 위 명령라인을 추가한다. 그리고 다음 명령을 실행한다.

```
$source .bashrc
```

이렇게 하면 PC 리눅스에 로그인할 때마다 .bashrc가 실행되어 항상 CC 환경변수가 설정되어서 편리하다. 이 명령과 같은 것으로

```
$. .bashrc
```

와 같이 실행해도 된다.

```
bbb@Desktop: ~

# Alias definitions.
# You may want to put all your additions into a separate file like
# ~/.bash_aliases, instead of adding them here directly.
# See /usr/share/doc/bash-doc/examples in the bash-doc package.

if [ -f ~/.bash_aliases ]; then
    . ~/.bash_aliases
fi

# enable programmable completion features (you don't need to enable
# this, if it's already enabled in /etc/bash.bashrc and /etc/profile
# sources /etc/bash.bashrc).
if ! shopt -oq posix; then
  if [ -f /usr/share/bash-completion/bash_completion ]; then
    . /usr/share/bash-completion/bash_completion
  elif [ -f /etc/bash_completion ]; then
    . /etc/bash_completion
  fi
fi

export CC=~/gcc-linaro-5.2-2015.11-x86_64_arm-linux-gnueabihf/bin/arm-linux-gnue
abihf-
```

그림 6.18 .bashrc 파일에 환경변수 CC 설정

실습 6.6 | ARM Cross Compiler 설치

1. 아래파일을 다운로드한다.
   https://releases.linaro.org/components/toolchain/binaries/6.4-2018.05/arm-linux-gnueabihf/gcc-linaro-6.4.1-2018.05-x86_64_arm-linux-gnueabihf.tar.xz
2. 압축해제한다.
3. 압축 해제한 디렉터리를 홈 디렉터리로 이동한다.
4. 다음과 같이 환경변수 CC를 설정한다.
   export CC=~/gcc-linaro-6.4.1-2018.05-x86_64_arm-linux-gnueabihf/bin/arm-linux-gnueabihf-
5. Arm cross compiler가 잘 설치되었는지 확인한다.
   ${CC}gcc --version
6. 환경변수를 설정하는 4번 명령어를 .bashrc 파일의 맨 밑에 추가하고 저장하고 source .bashrc를 실행한다. 추후에 로그인할 경우에는 이 작업은 다시 안 해도 된다.

6.2.3 microSD 메모리 카드 다루기

리눅스 운영체제를 microSD 메모리에 설치하려면 SD 메모리 카드의 파티션(Partition), 포맷(Format) 및 마운트(Mount) 작업에 대하여 잘 알아야 한다. 우선 파티션은 MS Windows의 물리적 하드 디스크를 C:와 D: 드라이브로 나누는 것과 같다. 포맷(Format)은 파일 시스템을 사용하도록 지정하는 것이고, 마운트(Mount) 작업은 물리적 디바이스를 논리적 디렉토리로 대응시키는 작업을 말한다. microSD 메모리를 사용하는 순서는 Partition, Format, Mount (PFM)의 순서로 진행된다.

운영체제 포팅 작업은 PC 리눅스 시스템에서 진행한다. PC의 microSD 메모리 슬롯(Slot)에 메모리 카드를 설치하고 포팅 작업을 한 다음에 운영체제 포팅이 완료되면 메모리 카드를 빼서 BBB에 설치하여 BBB를 부팅하는 과정을 거친다.

PC의 리눅스에서 microSD 카드를 꽂으면 자동으로 마운팅 되면서 폴더가 열린다. 터미널에서 lsblk 명령어를 사용해서 메모리의 파티션 정보와 마운팅 지점(Mounting Point)을 살펴보자. 마운팅 지점은 디렉터리로 표시된다.

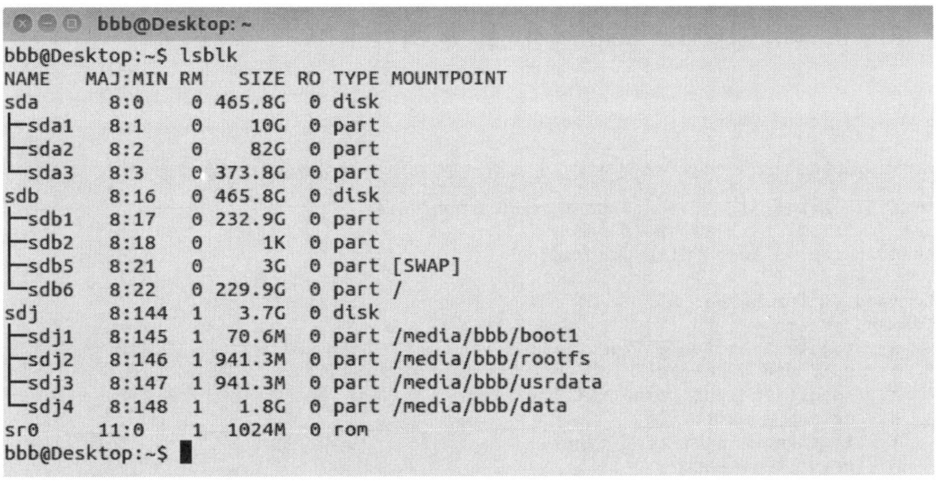

그림 6.19 lsblk 명령으로 본 파티션 정보와 마운팅 포인트

그림 6.19에서 보면 파티션은 네 개가 있으며 각각의 파티션이 디렉터리에 마운팅되어 있다. 예를 들면 파티션 /dev/sdj1은 /media/bbb/boot1 디렉터리에 마운팅 되어 있다. 이것은 microSD 카드를 PC에 꽂으면 자동으로 마운팅된 경우다.

6.2.3.1 파티션 (Partition)

microSD 메모리 작업 중 첫 단계는 파티션 작업이다. 이것은 하나의 물리적 메모리 장치를 여러 개의 논리적 메모리 장치로 변환하는 작업이다. MS Windows의 경우와 비교하여 설명하면 물리적으로 한 개의 하드 디스크를 C: 드라이브와 D: 드라이브로 나누는 작업이다. 명령은 다음과 같다.

```
$sudo fdisk /dev/sdX
```

X는 환경마다 다르며 lsblk 명령어로 알아낸다. 그림 6.19에서 sda와 sdb는 PC의 하드 디스크이다. 물리적으로 두 개의 하드 디스크를 사용하는 PC라는 것을 알 수 있다. sda1, sda2 등은 논리적 파티션이다. 다시 명령어로 돌아가면 그림 6.19에서 비교하여

보면 X가 j이다. 따라서 /dev/sdX는 /dev/sdj를 의미한다. 그림 6.20은 fdisk 명령을 수행 후에 m 옵션 명령어로 help 메시지를 본 화면이다.

```
bbb@Desktop: ~
└─sdj4    8:148   1    1.8G  0 part /media/bbb/data
sr0      11:0     1  1024M  0 rom
bbb@Desktop:~$ sudo fdisk /dev/sdj

Command (m for help): m
Command action
   a   toggle a bootable flag
   b   edit bsd disklabel
   c   toggle the dos compatibility flag
   d   delete a partition
   l   list known partition types
   m   print this menu
   n   add a new partition
   o   create a new empty DOS partition table
   p   print the partition table
   q   quit without saving changes
   s   create a new empty Sun disklabel
   t   change a partition's system id
   u   change display/entry units
   v   verify the partition table
   w   write table to disk and exit
   x   extra functionality (experts only)

Command (m for help): 
```

그림 6.20 fdisk (option m for help

```
lsblk:
NAME    MAJ:MIN RM   SIZE RO TYPE MOUNTPOINT
sda       8:0    0 465.8G  0 disk
├─sda1    8:1    0    10G  0 part
├─sda2    8:2    0    82G  0 part
└─sda3    8:3    0 373.8G  0 part
sdb       8:16   0 465.8G  0 disk
├─sdb1    8:17   0 232.9G  0 part
├─sdb2    8:18   0     1K  0 part
├─sdb5    8:21   0     3G  0 part [SWAP]
└─sdb6    8:22   0 229.9G  0 part /
sdj       8:144  1   3.7G  1 disk
├─sdj1    8:145  1  70.6M  1 part /media/bbb/boot1
├─sdj2    8:146  1 941.3M  1 part
├─sdj3    8:147  1 941.3M  1 part
└─sdj4    8:148  1   1.8G  1 part /media/bbb/data
```

그림 6.21 lsblk 명령 후 일부 파티션이 오토 마운팅안 된 경우

fdisk 프로그램의 옵션 명령어 중에서 자주 사용되는 것은 m, p, n, d, a, t, l, w, q 등이다.

흔하지 않은 경우지만 가끔 파티션 중에서 일부가 오토 마운팅이 되지 않는 경우가 있는데 그림 6.21과 같은 경우이다. 이럴 경우 fdisk 명령으로 파티션을 수정하고 저장하면 그림 6.22와 같은 오류 메시지가 보인다. 즉, 파티션을 삭제하고 저장한 후 그림 6.22처럼(w 명령) 빠져나온 후에 다시 fdisk 명령을 수행하면 수정이 안 된 것을 볼 수 있다. 이런 경우엔 microSD 메모리를 뺀 후에 다시 설치해서 오토 마운팅이 되도록 해야 한다. 만약 오토 마운팅이 안 된 파티션이 계속 보이는 경우라면 PC의 메모리 리더 기능이 안 좋은 경우가 대부분이다. 이럴 경우엔 외장 멀티 카드 리더(Card Reader)를 사용해서 오토 마운팅을 해야 한다. 그림 6.21은 PC에 직접 삽입한 경우이고 오토 마운팅이 안 된 경우이다. 그림 6.19는 외장 카드 리더를 사용해서 모든 파티션이 오토 마운팅 된 경우이다(/dev/sdj).

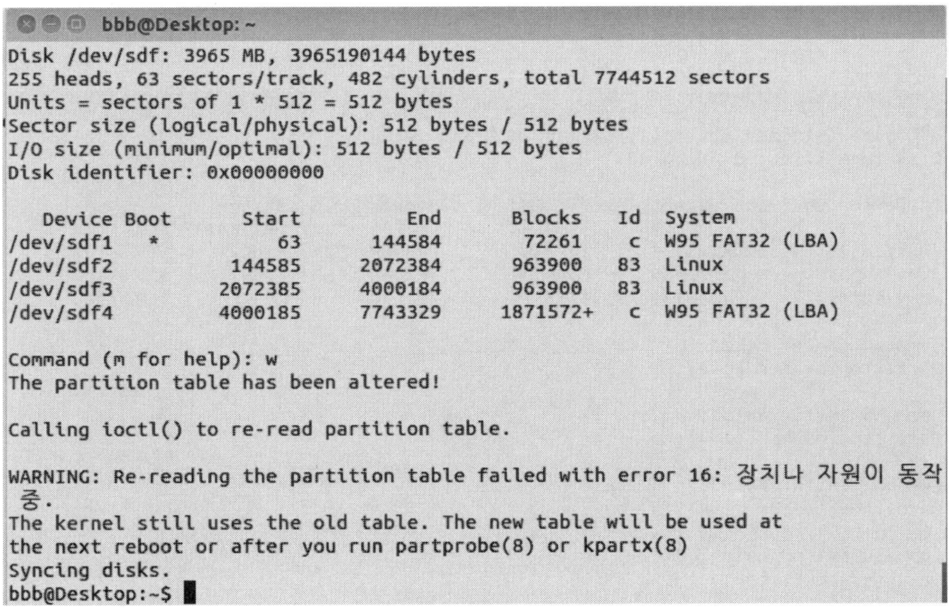

```
bbb@Desktop: ~
Disk /dev/sdf: 3965 MB, 3965190144 bytes
255 heads, 63 sectors/track, 482 cylinders, total 7744512 sectors
Units = sectors of 1 * 512 = 512 bytes
Sector size (logical/physical): 512 bytes / 512 bytes
I/O size (minimum/optimal): 512 bytes / 512 bytes
Disk identifier: 0x00000000

   Device Boot      Start         End      Blocks   Id  System
/dev/sdf1   *          63      144584       72261    c  W95 FAT32 (LBA)
/dev/sdf2          144585     2072384      963900   83  Linux
/dev/sdf3         2072385     4000184      963900   83  Linux
/dev/sdf4         4000185     7743329     1871572+   c  W95 FAT32 (LBA)

Command (m for help): w
The partition table has been altered!

Calling ioctl() to re-read partition table.

WARNING: Re-reading the partition table failed with error 16: 장치나 자원이 동작
 중.
The kernel still uses the old table. The new table will be used at
the next reboot or after you run partprobe(8) or kpartx(8)
Syncing disks.
bbb@Desktop:~$
```

그림 6.22 fdisk 명령 후 오류 메시지가 나온 경우

이제 그림 6.23과 같이 p 명령어(p for print)를 사용해서 파티션을 살펴보자.

```
Command (m for help): p

Disk /dev/sdj: 3965 MB, 3965190144 bytes
255 heads, 63 sectors/track, 482 cylinders, total 7744512 sectors
Units = sectors of 1 * 512 = 512 bytes
Sector size (logical/physical): 512 bytes / 512 bytes
I/O size (minimum/optimal): 512 bytes / 512 bytes
Disk identifier: 0x00000000

   Device Boot      Start         End      Blocks   Id  System
/dev/sdj1   *          63      144584       72261    c  W95 FAT32 (LBA)
/dev/sdj2          144585     2072384      963900   83  Linux
/dev/sdj3         2072385     4000184      963900   83  Linux
/dev/sdj4         4000185     7743329     1871572+   c  W95 FAT32 (LBA)

Command (m for help): 
```

그림 6.23 fdisk (p 명령어)

그림 6.24처럼 d 명령어(d for delete)를 사용해서 파티션을 모두 지워보자.

```
bbb@Desktop: ~
I/O size (minimum/optimal): 512 bytes / 512 bytes
Disk identifier: 0x00000000

   Device Boot      Start         End      Blocks   Id  System
/dev/sdj1   *          63      144584       72261    c  W95 FAT32 (LBA)
/dev/sdj2          144585     2072384      963900   83  Linux
/dev/sdj3         2072385     4000184      963900   83  Linux
/dev/sdj4         4000185     7743329     1871572+   c  W95 FAT32 (LBA)

Command (m for help): d
Partition number (1-4): 1

Command (m for help): d
Partition number (1-4): 2

Command (m for help): d
Partition number (1-4): 3

Command (m for help): d
Selected partition 4

Command (m for help): 
```

그림 6.24 fdisk (d 명령어)

```
Command (m for help): p

Disk /dev/sdj: 3965 MB, 3965190144 bytes
255 heads, 63 sectors/track, 482 cylinders, total 7744512 sectors
Units = sectors of 1 * 512 = 512 bytes
Sector size (logical/physical): 512 bytes / 512 bytes
I/O size (minimum/optimal): 512 bytes / 512 bytes
Disk identifier: 0x00000000

   Device Boot      Start         End      Blocks   Id  System

Command (m for help): n
Partition type:
   p   primary (0 primary, 0 extended, 4 free)
   e   extended
Select (default p):
Using default response p
Partition number (1-4, default 1):
Using default value 1
First sector (2048-7744511, default 2048):
Using default value 2048
Last sector, +sectors or +size{K,M,G} (2048-7744511, default 7744511): +200M

Command (m for help): 
```

그림 6.25 fdisk (n 명령어)

```
bbb@Desktop: ~
Command (m for help): n
Partition type:
   p   primary (1 primary, 0 extended, 3 free)
   e   extended
Select (default p):
Using default response p
Partition number (1-4, default 2):
Using default value 2
First sector (411648-7744511, default 411648):
Using default value 411648
Last sector, +sectors or +size{K,M,G} (411648-7744511, default 7744511):
Using default value 7744511

Command (m for help): p

Disk /dev/sdj: 3965 MB, 3965190144 bytes
255 heads, 63 sectors/track, 482 cylinders, total 7744512 sectors
Units = sectors of 1 * 512 = 512 bytes
Sector size (logical/physical): 512 bytes / 512 bytes
I/O size (minimum/optimal): 512 bytes / 512 bytes
Disk identifier: 0x00000000

   Device Boot      Start         End      Blocks   Id  System
/dev/sdj1            2048      411647      204800   83  Linux
/dev/sdj2          411648     7744511     3666432   83  Linux

Command (m for help): 
```

그림 6.26 fdisk (n 명령어, 두 번째 파티션)

이제 n 명령어(n for new)를 사용해서 그림 6.25와 그림 6.26처럼 새로운 파티션을 두 개 만들어 보자. 두 개의 파티션을 모두 생성한 후에 p 명령어로 잘 만들어졌는지 확인한다(그림 6.27).

그림 6.27처럼 첫 번째 파티션 즉, /dev/sdj1을 부팅 파티션으로 만든다. 이럴 경우에는 a 명령어를 사용한다. 부팅 파티션은 *가 첨가되어 보인다. 그림 6.27에서 보면 /dev/sdj1의 Boot 항목 열에서 *가 보인다.

```
Command (m for help): a
Partition number (1-4): 1

Command (m for help): p

Disk /dev/sdj: 3965 MB, 3965190144 bytes
255 heads, 63 sectors/track, 482 cylinders, total 7744512 sectors
Units = sectors of 1 * 512 = 512 bytes
Sector size (logical/physical): 512 bytes / 512 bytes
I/O size (minimum/optimal): 512 bytes / 512 bytes
Disk identifier: 0x00000000

   Device Boot      Start         End      Blocks   Id  System
/dev/sdj1   *        2048      411647      204800   83  Linux
/dev/sdj2          411648     7744511     3666432   83  Linux

Command (m for help): 
```

그림 6.27 fdisk (a 명령어)

그림 6.28에서는 파티션의 system ID를 변경하고자 한다. 디폴트는 0x83인데 첫 번째 파티션을 0xc로 만들어보자. 이것은 t 명령어(t for type)를 사용해서 파티션의 타입을 변경하는 것이다. 변경할 파티션은 /dev/sdj1으로서 16진수 0xc로 변경 후에는 W95 FAT32(LBA)로 변경된다(W95는 Windows95를 의미). 나머지 파티션은 ext4(0x83) 타입으로 디폴트 상태 그대로 둔다.

그림 6.29는 파티션의 16진수 ID와 이에 대응하는 System 타입을 보여주는 것으로 l 명령어를 사용하면 볼 수 있다.

```
bbb@Desktop: ~

Command (m for help): t
Partition number (1-4): 1
Hex code (type L to list codes): c
Changed system type of partition 1 to c (W95 FAT32 (LBA))

Command (m for help): p

Disk /dev/sdj: 3965 MB, 3965190144 bytes
255 heads, 63 sectors/track, 482 cylinders, total 7744512 sectors
Units = sectors of 1 * 512 = 512 bytes
Sector size (logical/physical): 512 bytes / 512 bytes
I/O size (minimum/optimal): 512 bytes / 512 bytes
Disk identifier: 0x00000000

   Device Boot      Start         End      Blocks   Id  System
/dev/sdj1   *        2048      411647      204800    c  W95 FAT32 (LBA)
/dev/sdj2          411648     7744511     3666432   83  Linux
```

그림 6.28 fdisk (t 명령어)

```
bbb@Desktop: ~
Command (m for help): l

 0  Empty           24  NEC DOS         81  Minix / old Lin bf  Solaris
 1  FAT12           27  Hidden NTFS Win 82  Linux swap / So c1  DRDOS/sec (FAT-
 2  XENIX root      39  Plan 9          83  Linux           c4  DRDOS/sec (FAT-
 3  XENIX usr       3c  PartitionMagic  84  OS/2 hidden C:  c6  DRDOS/sec (FAT-
 4  FAT16 <32M      40  Venix 80286     85  Linux extended  c7  Syrinx
 5  Extended        41  PPC PReP Boot   86  NTFS volume set da  Non-FS data
 6  FAT16           42  SFS             87  NTFS volume set db  CP/M / CTOS / .
 7  HPFS/NTFS/exFAT 4d  QNX4.x          88  Linux plaintext de  Dell Utility
 8  AIX             4e  QNX4.x 2nd part 8e  Linux LVM       df  BootIt
 9  AIX bootable    4f  QNX4.x 3rd part 93  Amoeba          e1  DOS access
 a  OS/2 Boot Manag 50  OnTrack DM      94  Amoeba BBT      e3  DOS R/O
 b  W95 FAT32       51  OnTrack DM6 Aux 9f  BSD/OS          e4  SpeedStor
 c  W95 FAT32 (LBA) 52  CP/M            a0  IBM Thinkpad hi eb  BeOS fs
 e  W95 FAT16 (LBA) 53  OnTrack DM6 Aux a5  FreeBSD         ee  GPT
 f  W95 Ext'd (LBA) 54  OnTrackDM6      a6  OpenBSD         ef  EFI (FAT-12/16/
10  OPUS            55  EZ-Drive        a7  NeXTSTEP        f0  Linux/PA-RISC b
11  Hidden FAT12    56  Golden Bow      a8  Darwin UFS      f1  SpeedStor
12  Compaq diagnost 5c  Priam Edisk     a9  NetBSD          f4  SpeedStor
14  Hidden FAT16 <3 61  SpeedStor       ab  Darwin boot     f2  DOS secondary
16  Hidden FAT16    63  GNU HURD or Sys af  HFS / HFS+      fb  VMware VMFS
17  Hidden HPFS/NTF 64  Novell Netware  b7  BSDI fs         fc  VMware VMKCORE
18  AST SmartSleep  65  Novell Netware  b8  BSDI swap       fd  Linux raid auto
1b  Hidden W95 FAT3 70  DiskSecure Mult bb  Boot Wizard hid fe  LANstep
1c  Hidden W95 FAT3 75  PC/IX           be  Solaris boot    ff  BBT
1e  Hidden W95 FAT1 80  Old Minix

Command (m for help): 
```

그림 6.29 fdisk (l 명령어)

그림 6.30은 모든 작업을 마치고 수정된 상태를 저장하는 w 명령어(w for write)를 수행하는 화면이다. 오류 메시지가 보이지만 이것은 구 파티션 테이블을 이용하기 때문이며 다시 fdisk 명령어를 수행하면 그림 6.31처럼 파티션 작업이 수정된 상태로 보인다. 수정하지 않고 fdisk를 끝내려면 q 명령어(q for quit)를 사용한다.

```
Command (m for help): w
The partition table has been altered!

Calling ioctl() to re-read partition table.

WARNING: Re-reading the partition table failed with error 16: 장치나 자원이 동작
 중.
The kernel still uses the old table. The new table will be used at
the next reboot or after you run partprobe(8) or kpartx(8)

WARNING: If you have created or modified any DOS 6.x
partitions, please see the fdisk manual page for additional
information.
Syncing disks.
bbb@Desktop:~$ 
```

그림 6.30 fdisk (w 명령어)

```
bbb@Desktop:~$ sudo fdisk /dev/sdj

Command (m for help): p

Disk /dev/sdj: 3965 MB, 3965190144 bytes
122 heads, 62 sectors/track, 1023 cylinders, total 7744512 sectors
Units = sectors of 1 * 512 = 512 bytes
Sector size (logical/physical): 512 bytes / 512 bytes
I/O size (minimum/optimal): 512 bytes / 512 bytes
Disk identifier: 0x00000000

   Device Boot      Start         End      Blocks   Id  System
/dev/sdj1   *        2048      411647      204800    c  W95 FAT32 (LBA)
/dev/sdj2          411648     7744511     3666432   83  Linux

Command (m for help): q

bbb@Desktop:~$ 
```

그림 6.31 fdisk (q 명령어)

6.2.3.2 포맷(Format)

포맷은 microSD 카드 메모리 작업의 두 번째 단계로서 file system을 사용할 수 있도록 초기화하는 것이다. 첫 번째 파티션을 FAT32 파일 시스템으로 포맷해보자.

```
$sudo mkfs.vfat /dev/sdX1
```

명령어에서 mk는 make, fs는 file system을 의미한다. vfat는 FAT32를 말한다. /dev/sdX1은 본서의 경우에 /dev/sdj1을 의미한다. 따라서 그림 6.32와 같이 보인다. 동일한 명령어로서 다음과 같은 문법으로 사용해도 같은 말이다. 여기서 -t 옵션은 type이란 뜻이다.

```
$sudo mkfs -t vfat /dev/sdX1
```

그림 6.32 포맷(vfat)

두 번째 파티션은 그림 6.33처럼 ext4 파일 시스템으로 포맷해보자. 이것은 -t 옵션을 사용해서 다음 명령처럼 사용해도 된다.

```
$sudo mkfs -t ext4 /dev/sdj2
```

두 번째 포맷은 메모리의 나머지 크기이므로 GB 단위가 되어서(본서의 경우 3.7GB) 수십 초의 시간이 걸린다.

```
$sudo mkfs.ext4 /dev/sdj2
```

이 명령어에서 -L 옵션을 써서 볼륨 레이블(Volume label)을 함께 만들 수 있다.

```
$sudo mkfs.ext4 /dev/sdj2 -L rootfs
```

```
bbb@Desktop:~$ sudo mkfs.ext4 /dev/sdj2
mke2fs 1.42.9 (4-Feb-2014)
Filesystem label=
OS type: Linux
Block size=4096 (log=2)
Fragment size=4096 (log=2)
Stride=0 blocks, Stripe width=0 blocks
229376 inodes, 916608 blocks
45830 blocks (5.00%) reserved for the super user
First data block=0
Maximum filesystem blocks=939524096
28 block groups
32768 blocks per group, 32768 fragments per group
8192 inodes per group
Superblock backups stored on blocks:
        32768, 98304, 163840, 229376, 294912, 819200, 884736

Allocating group tables: done
Writing inode tables: done
Creating journal (16384 blocks): done
Writing superblocks and filesystem accounting information: done

bbb@Desktop:~$ 
```

그림 6.33 포맷 (ext4)

6.2.3.3 마운트(Mount)

MS Windows를 주로 사용하는 개발자에게는 생소하게 느껴지는 부분인데 MS의 경우엔 개발자가 마운팅을 직접 다루는 경우가 많지 않기 때문이다. 디스크 검사를 할 때 마운팅 해제(Unmount) 후에 하는 경우 정도이다. 이것도 디스크 검사 내부에 포함된 작업이다. 리눅스의 경우엔 마운팅 작업을 자주 할 수 있다. 특히 microSD 카드를 다루는 경우엔 더 자주 하는 작업이다. 마운팅이란 한 마디로 메모리 파티션 또는 마운트 포인트를 디렉터리에 일대일 대응시키는 작업을 말한다. 이제 /dev/sdj1을 /media/$USER/boot에 마운팅 시켜보자. 여기서 $USER는 리눅스의 로그인 이름이다. 따라서 우리의 경우엔 bbb가 된다.

마운팅하려고 포맷한 메모리 카드를 PC에 꽂았는데 그림 6.34처럼 오토 마운팅되었다. 그러나 마운팅 지점 즉, 디렉터리 이름이 16진수 숫자로 되어 있어서 이것을 우리가 사용하고 싶은 간단한 디렉터리로 변경해보자. 그렇게 하려면 현재 마운팅 되어 있는 것을 해제하여야 한다. 즉, 언마운트(Unmount)하여야 한다. 언마운트 작업과 작업 후에 lsblk 결과 화면을 그림 6.35에 보여준다. 숫자가 긴 디렉터리 이름을 타이핑 할때 편리한 기능이 탭(tab) 키를 눌러 사용하는 것이다. 그러면 자동으로 긴 디렉터리 이름이 생성되어 편리하다. 이때 명령어는 unmount가 아니라 umount인 것을 주의하자.

```
bbb@Desktop: ~
bbb@Desktop:~$ lsblk
NAME    MAJ:MIN RM   SIZE RO TYPE MOUNTPOINT
sda       8:0    0 465.8G  0 disk
├─sda1    8:1    0    10G  0 part
├─sda2    8:2    0    82G  0 part
└─sda3    8:3    0 373.8G  0 part
sdb       8:16   0 465.8G  0 disk
├─sdb1    8:17   0 232.9G  0 part
├─sdb2    8:18   0     1K  0 part
├─sdb5    8:21   0     3G  0 part [SWAP]
└─sdb6    8:22   0 229.9G  0 part /
sdj       8:144  1   3.7G  0 disk
├─sdj1    8:145  1   200M  0 part /media/bbb/5C3D-29A0
└─sdj2    8:146  1   3.5G  0 part /media/bbb/c5ce3c9c-9b51-4fb9-bc00-00ccd6618dd5
sr0      11:0    1  1024M  0 rom
bbb@Desktop:~$ 
```

그림 6.34 마운팅 (/dev/sdj1)

```
bbb@Desktop:~$ sudo umount /media/bbb/5C3D-29A0
bbb@Desktop:~$ sudo umount /media/bbb/c5ce3c9c-9b51-4fb9-bc00-00ccd6618dd5
bbb@Desktop:~$ lsblk
NAME    MAJ:MIN RM   SIZE RO TYPE MOUNTPOINT
sda       8:0    0 465.8G  0 disk
├─sda1    8:1    0    10G  0 part
├─sda2    8:2    0    82G  0 part
└─sda3    8:3    0 373.8G  0 part
sdb       8:16   0 465.8G  0 disk
├─sdb1    8:17   0 232.9G  0 part
├─sdb2    8:18   0     1K  0 part
├─sdb5    8:21   0     3G  0 part [SWAP]
└─sdb6    8:22   0 229.9G  0 part /
sdj       8:144  1   3.7G  0 disk
├─sdj1    8:145  1   200M  0 part
└─sdj2    8:146  1   3.5G  0 part
sr0      11:0    1  1024M  0 rom
bbb@Desktop:~$ 
```

그림 6.35 언마운트

이제 아래 명령을 실행하여 원하는 디렉터리에 마운트해 보자.

```
$sudo mount /dev/sdj1 /media/bbb/boot
$sudo mount /dev/sdj2 /media/user/rootfs
```

```
bbb@Desktop:~$ sudo mount /dev/sdj1 /media/bbb/boot/
bbb@Desktop:~$ sudo mount /dev/sdj2 /media/bbb/rootfs/
bbb@Desktop:~$ lsblk
NAME   MAJ:MIN RM   SIZE RO TYPE MOUNTPOINT
sda      8:0    0 465.8G  0 disk
├─sda1   8:1    0    10G  0 part
├─sda2   8:2    0    82G  0 part
└─sda3   8:3    0 373.8G  0 part
sdb      8:16   0 465.8G  0 disk
├─sdb1   8:17   0 232.9G  0 part
├─sdb2   8:18   0     1K  0 part
├─sdb5   8:21   0     3G  0 part [SWAP]
└─sdb6   8:22   0 229.9G  0 part /
sdj      8:144  1   3.7G  0 disk
├─sdj1   8:145  1   200M  0 part /media/bbb/boot
└─sdj2   8:146  1   3.5G  0 part /media/bbb/rootfs
sr0     11:0    1  1024M  0 rom
bbb@Desktop:~$ 
```

그림 6.36 마운트

이 과정에서 원하는 디렉터리가 없어서 에러나는 경우에는 디렉터리를 생성 후에 마운트한다. 이상으로서 microSD 메모리 카드에 대한 3단계 작업(파티션, 포맷, 마운트)이 완료되었다.

실습 6.7 | microSD 메모리 초기화

1. PC에 microSD 메모리 장착
2. sudo dd if=/dev/zero of=/dev/sdX bs=1M count=10

실습 6.8 | 파티션 (Partition)

1. sudo fdisk /dev/sdX
   m : 도움말
   p : 현재 파티션 보기(print)
   n : 파티션 새로(new) 생성
   d : 파티션 삭제(delete)
   a : 파티션 부팅 디바이스로 설정하기
   l : 파티션 타입 리스트
   t: 파티션 타입 설정하기
   w : 저장(write)
   q : 끝내기(quit)

실습 6.9 | 포맷 (Format)

1. sudo mkfs.ext4 /dev/sdX1 -L rootfs

실습 6.10 | 마운트 (Mount)

1. sudo mount /dev/sdX1 /media/$USER/rootfs

6.3 우분투 리눅스 소스코드 빌드 및 설치

우분투 리눅스는 크게 세 부분으로 나누어서 부트 로더(Bootloader), 커널(Kernel), 그리고 루트 파일 시스템(RFS, Roof File System)으로 나누어진다. 이제 우분투 리눅스를 설치하는데 이 세 부분의 소스코드를 다운로드 받아서 빌드하고 설치하는 방법을 학습해 본다.

6.3.1 Bootloader

Bootloader는 여러 가지 종류가 있는데 우리는 U-boot(http://www.denx.de/wiki/U-Boot)를 사용한다. U-boot의 버전 정보는 웹 사이트인 http://git.denx.de/u-boot.git를 보면 알 수 있다. U-boot는 MLO, u-boot.img, uEnv.txt 파일로 구성되는데 u-boot.img 파일이 주가 된다. 부팅할 때 '스페이스 바'를 누르면 U-boot 프로그램 모드로 들어간다.

```
U-boot#help or ?
```

다음과 같은 git 명령어를 실행함으로써 U-boot 소스코드를 다운로드한다.

```
~/ (이것은 현재 위치가 홈 디렉터리라는 것을 의미한다.)
$git clone git://git.denx.de/u-boot.git
~/u-boot/
$git checkout -b tmp v2016.01
```

소스 코드에 오류가 있어서 그림 6.37 URL에서 Patch 코드를 다운로드 받아서 ~/u-boot/ 디렉토리에 저장하고 그림 6.38과 같이 실행한다.

그림 6.37 U–boot patch 다운로드

다운로드는 웹 브라우저 대신에 터미널에서 다음과 같은 명령으로 할 수도 있다.

```
$wget –c https://rcn-ee.com/repos/git/u-boot-patches/v2016.01/0001-
am335x_evm-uEnv.txt-bootz-n-fixes.patch
```

```
bbb@Desktop: ~/u-boot
bbb@Desktop:~/u-boot$ patch -p1 <0001-am335x_evm-uEnv.txt-bootz-n-fixes.patch
patching file board/ti/am335x/board.c
patching file configs/am335x_evm_defconfig
patching file include/configs/am335x_evm.h
patching file include/configs/ti_armv7_common.h
bbb@Desktop:~/u-boot$ 
```

그림 6.38 u–boot patch 작업

패치 작업이 끝났으므로 이제 빌드한다. 이때 미리 CC 변수가 설정되어 있는지 확인한다. 이것은 $echo $CC 명령으로도 충분하다. 빌드 작업은 distclean, .config 및 compile의 3단계로 이루어진다.

1) 기존에 컴파일했던 정보를 지운다.

   $make ARCH=arm CROSS_COMPILE=$CC distclean

```
bbb@Desktop:~/u-boot$ !2053
make ARCH=arm CROSS_COMPILE=$CC distclean
bbb@Desktop:~/u-boot$ !2054
make ARCH=arm CROSS_COMPILE=$CC am335x_evm_defconfig
  HOSTCC  scripts/basic/fixdep
  HOSTCC  scripts/kconfig/conf.o
  SHIPPED scripts/kconfig/zconf.tab.c
  SHIPPED scripts/kconfig/zconf.lex.c
  SHIPPED scripts/kconfig/zconf.hash.c
  HOSTCC  scripts/kconfig/zconf.tab.o
  HOSTLD  scripts/kconfig/conf
#
# configuration written to .config
#
bbb@Desktop:~/u-boot$ 
```

그림 6.39 u–boot 컴파일 설정하기(configuration)

2) 컴파일 설정파일 .config 생성(그림 6.39 참조)

   $make ARCH=arm CROSS_COMPILE=$CC am335x_evm_defconfig

   그림 6.40에 .config 파일(숨겨진 파일)의 첫 부분의 내용이 표시되어 있는데 u-boot 버전이 2016.01이라는 것을 알 수 있다.

```
bbb@Desktop: ~/u-boot
#
# Automatically generated file; DO NOT EDIT.
# U-Boot 2016.01 Configuration
#
CONFIG_CREATE_ARCH_SYMLINK=y
CONFIG_HAVE_GENERIC_BOARD=y
CONFIG_SYS_GENERIC_BOARD=y
# CONFIG_ARC is not set
CONFIG_ARM=y
# CONFIG_AVR32 is not set
# CONFIG_BLACKFIN is not set
# CONFIG_M68K is not set
# CONFIG_MICROBLAZE is not set
# CONFIG_MIPS is not set
# CONFIG_NDS32 is not set
# CONFIG_NIOS2 is not set
# CONFIG_OPENRISC is not set
# CONFIG_PPC is not set
# CONFIG_SANDBOX is not set
# CONFIG_SH is not set
# CONFIG_SPARC is not set
# CONFIG_X86 is not set
CONFIG_SYS_ARCH="arm"
--More--(4%)
```

그림 6.40 ~/u-boot/.config

3) 컴파일 단계

$make ARCH=arm CROSS_COMPILE=$CC

$CC와 ${CC}의 차이점을 알아보자. {CC}를 사용할 경우엔 CC 환경 변수 뒤에 다른 글자가 오는 경우에 사용한다. 예를 들어서 ${CC}gcc 같은 경우에 사용한다. 위의 컴파일 결과로 MLO와 u-boot.img 파일이 생성된다.

실습 6.11 | U-boot 소스코드 다운로드

~/ (현재 디렉터리는 HOME 디렉터리라는 것을 알려주는 표현)

1. u-boot 소스코드 다운로드
   $git clone git://git.denx.de/u-boot.git
2. cd u-boot
3. git checkout -b tmp1 v2018.09

4. 아래파일 두 개의 패치파일을 다운로드해서 ~/u-boot 디렉터리로 복사
   https://rcn-ee.com/repos/git/u-boot-patches/v2018.09/0001-am335x_evm-uEnv.txt-bootz-n-fixes.patch
   https://rcn-ee.com/repos/git/u-boot-patches/v2018.09/0002-U-Boot-BeagleBone-Cape-Manager.patch
5. 에러코드 수정작업(patch)
   patch -p1 〈 0001-am335x_evm-uEnv.txt-bootz-n-fixes.patch
   patch -p1 〈 0002-U-Boot-BeagleBone-Cape-Manager.patch

실습 6.12 | U-boot 컴파일

~/u-boot

실습 6.11을 완료한 상태에서 실행한다.

1. make ARCH=arm CROSS_COMPILE=$CC distclean
2. make ARCH=arm CROSS_COMPILE=$CC am335x_evm_defconfig
3. make ARCH=arm CROSS_COMPILE=$CC

주의) make, g++, bison, flex를 설치할 수도 있음(에러 메시지를 잘 보도록 한다)

이제 기존의 우분투 리눅스가 설치된 microSD 메모리에 U-boot를 교체해서 설치해 보자. 커널과 root file system은 그대로 두고 우리가 만든 부트 로더만 교체하는 것이다. 교체 후에 이상 없이 부팅하면 우리가 빌드해서 설치했던 부트로더가 잘 동작한다는 뜻이다.

~/u-boot/

PC에 microSD 카드 메모리를 장착하고 다음 dd 명령어를 수행한다. 이 명령어는 디스크 블락(Block)을 파일 시스템(file system)없이 복사할 수 있다. 주로 숨겨진 파티션에 부트 섹터(Boot sector) 등을 복사하는데 사용된다. 잘 못 사용하면 호스트 PC의 부트 섹터를 건드릴 수 있으므로 사용하는데 *주의*를 하여야 한다.

```
$sudo dd if=MLO of=/dev/sdX bs=128k count=1 seek=1
$sudo dd if=u-boot.img of=/dev/sdX bs=384k count=2 seek=1
```

명령을 수행하기 전에 microSD 카드가 어느 디바이스로 표시되는지 lsblk 명령어로 확인하여야 한다. 즉, /dev/sdX에서 X를 확인한다. if는 입력 파일 (input file) 즉, source file을 의미하고 of는 출력 파일(output file) 즉, 목적 또는 목표(target) 파일을 말한다. bs는 블락 크기(Block size)이고 count는 블락 크기가 몇 개인지를 나타낸다. seek는 건너(Skip) 뛸 블락이 몇 개인지를 말하는데 이때의 블락은 bs와는 다르며 디폴트 크기가 512 bytes이다. 즉, MLO 파일이 microSD 카드 메모리의 첫 부분 중 512 bytes 스킵하고 128 Kbytes 자리에 써진다는 것을 의미한다. 즉 MLO 파일 사이즈는 128 KB보다 작다는 말이다. 두 번째 명령어에서 count=2는 bs가 2개 만큼 복사된다는 뜻이다. 즉, u-boot.img 크기는 384 KB x 2(count)= 768 KB 보다는 작지만 384 KB보다는 크다는 말이다. 그림 6.41을 보면 복사된 파일 크기를 볼 수 있다.

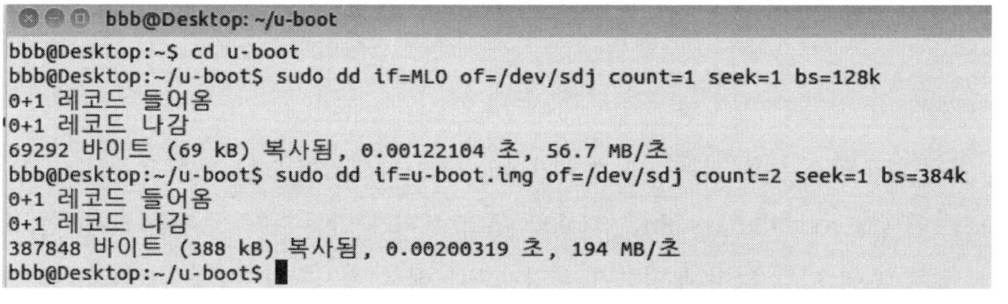

그림 6.41 dd로 MLO와 u-boot.img 파일 복사하기

이제 설치가 끝났다. MLO, u-boot.img 파일이 준비되었으므로 microSD를 PC에서 꺼내어 BBB에 장착하고 부팅한다. 이때 power 버튼을 누른 상태로 파워를 연결하고 버튼을 떼어서 microSD로 부팅시킨다. 그림 6.42는 부팅된 첫 화면을 보여준다.

```
U-Boot SPL 2016.01-dirty (Feb 04 2016 - 17:52:54)
Trying to boot from MMC
bad magic


U-Boot 2016.01-dirty (Feb 04 2016 - 17:52:54 +0900)

       Watchdog enabled
I2C:   ready
DRAM:  512 MiB
Reset Source: Power-on reset has occurred.
MMC:   OMAP SD/MMC: 0, OMAP SD/MMC: 1
Using default environment

Net:   <ethaddr> not set. Validating first E-fuse MAC
cpsw, usb_ether
Press SPACE to abort autoboot in 2 seconds
switch to partitions #0, OK
mmc0 is current device
Scanning mmc 0:1...
gpio: pin 56 (gpio 56) value is 0
gpio: pin 55 (gpio 55) value is 0
```

그림 6.42 개발된 U–boot을 이용한 BBB 부팅 첫 화면

그림 6.42의 첫 줄을 보면 U-Boot SPL 2016.01-dirty가 보이는데 이것은 Patch 작업을 하였을 때 보인다.

```
bbb@Desktop: ~
ubuntu@arm:/boot$ lsblk
NAME         MAJ:MIN RM   SIZE RO TYPE MOUNTPOINT
mmcblk1boot0 179:16   0     2M  1 disk
mmcblk1boot1 179:24   0     2M  1 disk
mmcblk0      179:0    0   7.4G  0 disk
◆◆└◆◆─mmcblk0p1  179:1    0   7.4G  0 part /
mmcblk1      179:8    0   3.6G  0 disk
◆◆├◆◆─mmcblk1p1  179:9    0    96M  0 part
◆◆└◆◆─mmcblk1p2  179:10   0   3.5G  0 part
ubuntu@arm:/boot$ █
```

그림 6.43 microSD 부팅 후 메모리 구성 화면

microSD 메모리를 이용하여 부팅 후에 로그인 한 후에 lsblk 명령어를 수행한 후의

화면을 그림 6.43에 보인다. 이것을 보면 mmcblk0는 7.4GB로서 8GB microSD 메모리인 것을 알 수 있다. 즉, BBB Ubuntu 리눅스에서는 파티션이 /dev/sdX로 보이는 것이 아니고 mmcblk로 보인다. mmcblk1은 3.6GB로서 BBB에 내장되어 있는 eMMC 메모리인 것을 알 수 있다.

실습 6.13 | U-boot을 microSD에 설치

~/u-boot/

1. microSD를 PC에 설치
2. lsblk 명령을 실행하여 /dev/sdX에서 X를 알아낸다.
3. sudo dd if=MLO of=/dev/sdX bs=128k count=1 seek=1
4. sudo dd if=u-boot.img of=/dev/sdX bs=384k count=2 seek=1

실습 6.14 | U-boot 부팅

1. microSD를 BBB에 설치
2. boot 버튼 누르고 power 연결
3. Boot 메시지 확인하여 u-boot 버전 확인 (2018.09)
4. U-Boot SPL 글자로 시작하는 첫 부팅 메시지에서 컴파일 시간확인
5. 로그인 후 BBB 부팅 후 커널 버전 확인(uname -r)

실습 6.15 | U-Boot 소스 코드 수정/재설치/부팅

1. ~/u-boot/env/env.c 에서 라인 188(또는 근처)을 수정하여 개발자 영문이름을 문장 앞에 추가하기. 부트로더를 컴파일 및 설치 후 부팅해서 부팅메시지 영문이름 확인
2. ~/u-boot/common/spl/spl.c에서 라인 577을(또는 근처) 수정하여 개발자 영문 이름을 문장 앞에 추가하기. 부트로더를 컴파일 및 설치 후 부팅해서 부팅메시지 영문이름 확인

6.3.2 커널(Kernel)

리눅스 커널은 오픈소스 소프트웨어로서 The Linux Kernel Archives(www.kernel.org)에서 소스코드를 다운로드 받을 수 있다. 리누스 토발즈(Linus Torvalds)가 발표하는(Release) 커널 버전을 메인라인(Mainline) 또는 바닐라(Vanilla)라고 한다. 사이트 주

소는 다음과 같다.

```
https://git.kernel.org/pub/scm/linux/kernel/git/torvalds/linux.git
```

위 사이트에서 최신 버전은 다음 github.com에서도 다운로드 받을 수 있다.

```
https://github.com/torvalds/linux
```

표 6.1에 나타나 있듯이 각각의 커널의 LTS(Long Term Support) 버전이 발표된 (Released) 날자와 지원이 종료되는 날자 (EOL, End-of-Life)가 기록되어 있다.

표 6.1 Longterm release kernels

Version	Maintainer	Released	Projected EOL
5.4	Greg Kroah-Hartman &Sasha Levin	2019-11-24	Dec, 2021
4.19	Greg Kroah-Hartman &Sasha Levin	2018-10-22	Dec, 2020
4.14	Greg Kroah-Hartman &Sasha Levin	2017-11-12	Jan, 2024
4.9	Greg Kroah-Hartman &Sasha Levin	2016-12-11	Jan, 2023
4.4	Greg Kroah-Hartman &Sasha Levin	2016-01-10	Feb, 2022
3.16	Ben Hutchings	2014-08-03	Jun, 2020

리눅스 커널의 빌드는 첫째, Nelson script를 이용해서 비교적 쉽게 하는 방법이 있고 둘째, Mainline을 이용해서 빌드하는 일반적 방법이 있다. 아래에 두 가지 방법 모두를 기술한다.

6.3.2.1 커널 소스 다운로드, 빌드 및 설치(Nelson 스크립트를 이용하는 방법)

그림 6.44와 같이 Robert C. Nelson 사이트에서 리눅스 소스 코드를 다운로드 받는다. 기본적으로 Mainline과 같은 소스코드에다가 ARM cross compiler 설치, 커널 컴파일의 자동화, Root File System 설치 및 SD 카드에 설치 자동화 등을 스크립트로 쉽게 할 수 있도록 만들어 놓았다.

```
~/
$git clone git://github.com/RobertCNelson/bb-kernel
```

```
bbb@Desktop: ~/bb-kernel
bbb@Desktop:~$ git clone git://github.com/RobertCNelson/bb-kernel
Cloning into 'bb-kernel'...
remote: Counting objects: 31156, done.
remote: Compressing objects: 100% (61/61), done.
remote: Total 31156 (delta 35), reused 0 (delta 0), pack-reused 31095
Receiving objects: 100% (31156/31156), 30.85 MiB | 4.09 MiB/s, done.
Resolving deltas: 100% (18732/18732), done.
Checking connectivity... done.
bbb@Desktop:~$ cd bb-kernel
bbb@Desktop:~/bb-kernel$
```

그림 6.44 커널 소스코드 다운로드

커널버전 4.4.1-bone4을 선택해서 컴파일하려 한다. 이 버전을 선택하기 위해서 git checkout하여 컴파일해 보자.

```
bbb@Desktop: ~/bb-kernel
4.3.4-bone4
4.3.5-bone4
4.4-bone-rt-r1
4.4-bone-rt-r2
4.4-bone-rt-r3
4.4-bone1
4.4-bone2
4.4-bone3
4.4-rc1-bone0
4.4-rc2-bone0
4.4-rc3-bone0
4.4-rc4-bone0
4.4-rc5-bone0
4.4-rc6-bone0
4.4-rc7-bone0
4.4-rc8-bone-rt-r1
4.4-rc8-bone0
4.4-rc8-bone1
4.4.1-bone-rt-r4
4.4.1-bone4
4.5-rc1-bone0
4.5-rc1-bone1
4.5-rc2-bone2
bbb@Desktop:~/bb-kernel$
```

그림 6.45 git tag (Linux Kernel 버전)

```
~/bb-kernel/
$git checkout -b tmp 4.4.1-bone4
./build_kernel.sh
```

빌드 스크립트를 실행하면 그림 6.46과 같이 Linaro compiler v5.2를 다운로드하고 커널 소스코드를 다운로드하고 컴파일한다. 이러한 일련의 작업을 빌드(Build)라고 한다. 본 스크립트는 커널을 크게 나누어서 이미지(Image), 모듈(Module), 그리고 디바이스 트리 블롭(Device Tree Blob) 등으로 컴파일하여 deploy 디렉터리에 복사한다. 커널 소스코드는 아래 메인라인(Mainline) 사이트에서 다운로드 받아서 ~bb-kernel /ignore/linux-src 디렉터리에 저장한다.

```
Mainline => https://git.kernel.org/pub/scm/linux/kernel/git/torvalds/linux.git
```

```
bbb@Desktop: ~/bb-kernel
bbb@Desktop:~/bb-kernel$ ./build_kernel.sh
+ Detected build host [Ubuntu 14.04.3 LTS]
+ host: [x86_64]
+ git HEAD commit: [8620d6b8ff97caf072e1c677a71a420040417734]
`/home/bbb/bb-kernel/system.sh.sample' -> `/home/bbb/bb-kernel/system.sh'
Installing:
-----------------------------
--2016-02-04 23:49:18--  https://releases.linaro.org/components/toolchain/binari
es/5.2-2015.11-2/arm-linux-gnueabihf/gcc-linaro-5.2-2015.11-2-x86_64_arm-linux-g
nueabihf.tar.xz
Resolving releases.linaro.org (releases.linaro.org)... 54.225.141.114
접속 releases.linaro.org (releases.linaro.org)|54.225.141.114|:443... 접속됨.
HTTP request sent, awaiting response... 200 OK
Length: 165674656 (158M) [application/force-download]
Saving to: '/home/bbb/bb-kernel/dl/gcc-linaro-5.2-2015.11-2-x86_64_arm-linux-gnu
eabihf.tar.xz'

100%[======================================>] 165,674,656  247KB/s   in 11m 21s

2016-02-05 00:00:40 (238 KB/s) - '/home/bbb/bb-kernel/dl/gcc-linaro-5.2-2015.11-
2-x86_64_arm-linux-gnueabihf.tar.xz' saved [165674656/165674656]

-----------------------------
scripts/gcc: Using: arm-linux-gnueabihf-gcc (Linaro GCC 5.2-2015.11-2) 5.2.1 201
```

그림 6.46 커널 빌드

빌드 작업은 필요한 소스코드를 네트웍으로 다운받아서 컴파일하므로 네크웍이 느리면 전체적인 시간이 많이 걸린다. 저자의 PC에서는 빌드 작업이 44분 걸렸다. 빌드 작업을 하다가 약 22분이 지나서 커널을 설정(Configuration)하는 화면이 나온다. 그림 6.47에서와 같이 커널 설정화면이 나오면 하드웨어 장치 추가 등에 대한 설정을 하면 되는데 특별히 설정하지 않는다면 맨 밑줄의 Exit을 선택해서 엔터키를 누르면 커널 설정 화면을 빠져나오고 빌드 작업을 계속하게 된다(ESC키를 두 번 눌러도 된다). 그림 6.48은 빌드 작업을 마친 상태의 화면이다. 마지막 줄에서 보면 커널 버전이 4.4.1-bone4 임을 알 수 있다. 커널 빌드한 결과 만들어진 파일은

- 이미지 파일 ~/bb-kernel/deploy/4.4.1-bone4.zImage
- 디바이스 트리 블롭(blob) 파일 ~/bb-kernel/deploy/4.4.1-bone4-dtbs.tar.gz
- 모듈 파일 ~/bb-kernel/deploy/4.4.1-bone4-modules.tar.gz

이상 세 개가 중요한 파일이다.

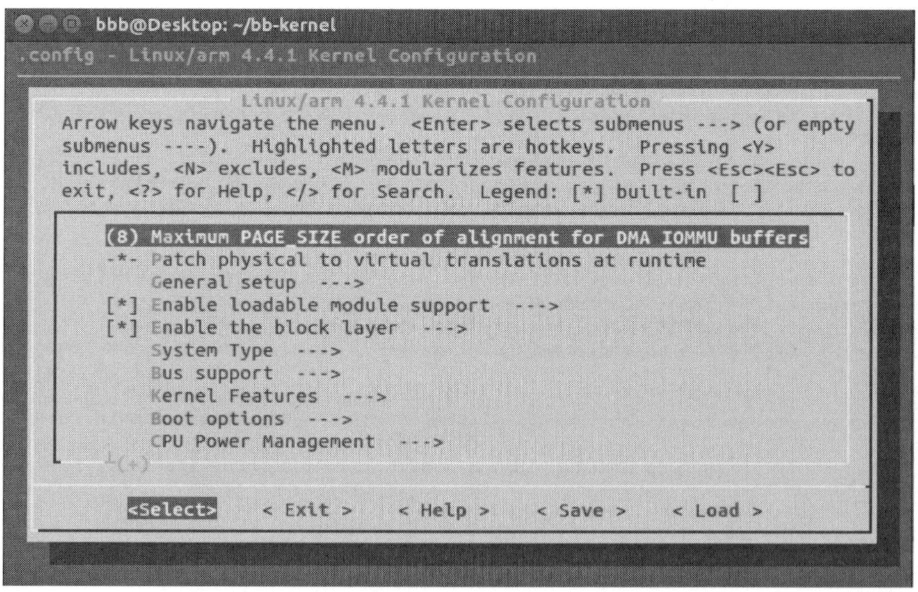

그림 6.47 커널 설정(Kernel Configuration)

```
bbb@Desktop: ~/bb-kernel
`arch/arm/boot/zImage' -> `/home/bbb/bb-kernel/deploy/4.4.1-bone4.zImage'
`.config' -> `/home/bbb/bb-kernel/deploy/config-4.4.1-bone4'
-rwxrwxr-x 1 bbb bbb 7.1M  2월  5 00:33 /home/bbb/bb-kernel/deploy/4.4.1-bone4.z
Image
-----------------------------
Building modules archive...
Compressing 4.4.1-bone4-modules.tar.gz...
-rw-rw-r-- 1 bbb bbb 21M  2월  5 00:33 /home/bbb/bb-kernel/deploy/4.4.1-bone4-mo
dules.tar.gz
-----------------------------
Building firmware archive...
Compressing 4.4.1-bone4-firmware.tar.gz...
-rw-rw-r-- 1 bbb bbb 1.2M  2월  5 00:33 /home/bbb/bb-kernel/deploy/4.4.1-bone4-f
irmware.tar.gz
-----------------------------
Building dtbs archive...
Compressing 4.4.1-bone4-dtbs.tar.gz...
-rw-rw-r-- 1 bbb bbb 306K  2월  5 00:33 /home/bbb/bb-kernel/deploy/4.4.1-bone4-d
tbs.tar.gz
-----------------------------
Script Complete
eewiki.net: [user@localhost:~$ export kernel_version=4.4.1-bone4]
-----------------------------
bbb@Desktop:~/bb-kernel$
```

그림 6.48 커널 빌드 작업을 마친 후의 화면

빌드할 때 linaro cross compiler를 다운로드 받아서 설치하는데 시간이 오래 걸리기 때문에 이 부분을 건너 띄게 할 수 있다. build_kernel.sh 파일에서 unset CC 명령어 라인을 주석처리(#추가)하면 된다.

또한 버전 및 환경에 따라서 인증서 관련 에러가 발생할 수 있는데 에러 메시지 확인 후 추천하는 작업을 실행한다.

즉, --no-check-certificate 관련 에러가 발생하면 이 과정을 건너 띄게 한다.

~/bb-kernel/script/gcc.sh 파일을 수정한다.

dl_gcc_generic() 함수 부분에서 WGET으로 시작하는 라인에서 -c 뒤에 --no-check-certificate을 추가하고 저장한다.

또 다른 방법은 ~/.wgetrc 파일을 만들고 내용으로 check_certificate=off 라인을 추가한다.

커널 설치는 아래와 같다. microSD 카드 메모리를 PC에 장착 후 lsblk 명령을 사용하여 그림 6.49처럼 /dev/sdX 파티션을 확인한다.

```
bbb@Desktop: ~/bb-kernel
bbb@Desktop:~/bb-kernel$ lsblk
NAME    MAJ:MIN RM   SIZE RO TYPE MOUNTPOINT
sda       8:0    0 465.8G  0 disk
├─sda1    8:1    0    10G  0 part
├─sda2    8:2    0    82G  0 part
└─sda3    8:3    0 373.8G  0 part
sdb       8:16   0 465.8G  0 disk
├─sdb1    8:17   0 232.9G  0 part
├─sdb2    8:18   0     1K  0 part
├─sdb5    8:21   0     3G  0 part [SWAP]
└─sdb6    8:22   0 229.9G  0 part /
sdj       8:144  1   7.4G  1 disk
└─sdj1    8:145  1   7.4G  1 part /media/bbb/rootfs
sr0      11:0    1  1024M  0 rom
bbb@Desktop:~/bb-kernel$
```

그림 6.49 microSD 카드 메모리의 파티션 확인

이제 system.sh 파일을 그림 6.50처럼 vi 명령어를 사용하여 수정한다.

```
~/bb-kernel/
$vi system.sh
```

```
bbb@Desktop: ~/bb-kernel

###OPTIONAL: LINUX_GIT: specify location of locally cloned git tree.
#
#LINUX_GIT=/home/user/linux-stable/

###OPTIONAL: MMC: (REQUIRED FOR RUNNING: tools/install_kernel.sh)
#Note: This operates on raw disks, NOT PARTITIONS..
#
#WRONG: MMC=/dev/mmcblk0p1
#CORRECT: MMC=/dev/mmcblk0
#
#WRONG: MMC=/dev/sde1
#CORRECT: MMC=/dev/sde
#
#MMC=/dev/sde

###ADVANCED: RUN_BISECT: used with ./scripts/bisect.sh
#
#RUN_BISECT=1

###ADVANCED: AUTO_BUILD: Easier integration with Jenkins/Buildbot/etc..
#
#AUTO_BUILD=1
```

그림 6.50 system.sh 파일 수정

라인 35에서 MMC=/dev/sdX에서 올바른 X(우리의 경우 j)로 대치한 다음 저장하고 주석을 해제한다.(uncomment). 이제 커널을 /dev/sdj에 설치할 명령어를 실행한다. (그림 6.51 참조)

```
$./tools/install_kernel.sh
```

tools라는 서브 디렉터리의 install_kernel.sh 스크립트를 실행하여 빌드된 여러 가지 파일들을 /dev/sdj에 설치한다. 이 명령을 실행하면 처음에 sdj 파티션이 /media/bbb/rootfs 디렉터리에 마운팅 것을 확인한다. microSD 카드 메모리 파티션이 디렉터리에 마운팅 되지 않았다면 뺏다가 다시 껴서 마운팅되도록 한다.

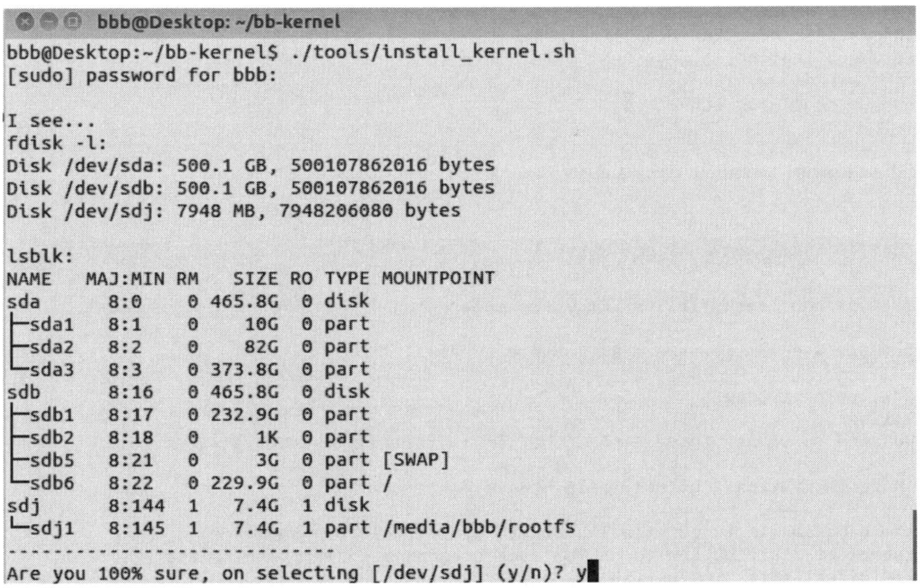

그림 6.51 kernel install의 첫 화면

지금까지 커널을 microSD 카드 메모리에 설치하였다. 이것을 BBB에 장착 후에 다시 부팅하고 부팅 화면(그림 6.53)을 자세히 살펴본다. 그림 6.53에서 로그 인 화면에서 (GNU/Linux 4.4.1-bone4 armv7l)을 볼 수 있고 로그 인후에 uname -r 명령을 사용해

서 커널 버전을 확인할 수 있다.

```
bbb@Desktop: ~/bb-kernel
-----------------------------
Starting Partition Search
-----------------------------
Trying: [/dev/sdj1]
Partition: [/dev/sdj1] trying: [vfat], [ext4]
Partition: [extX]
found: /boot/uEnv.txt
info: 4.1.15-ti-rt-r40 was installed
Installing 4.4.1-bone4 to /dev/sdj1
`/home/bbb/bb-kernel/deploy/4.4.1-bone4.zImage' -> `/home/bbb/bb-kernel/deploy/d
isk/boot/vmlinuz-4.4.1-bone4'
Installing 4.4.1-bone4-dtbs.tar.gz to /dev/sdj1
info: /boot/uEnv.txt: uname_r=4.4.1-bone4
found: /etc/fstab
Installing 4.4.1-bone4-modules.tar.gz to /dev/sdj1
`/home/bbb/bb-kernel/deploy/config-4.4.1-bone4' -> `/home/bbb/bb-kernel/deploy/d
isk/boot/config-4.4.1-bone4'
info: [4.4.1-bone4] now installed...
/home/bbb/bb-kernel
-----------------------------
This script has finished...
For verification, always test this media with your end device...

bbb@Desktop:~/bb-kernel$ 
```

그림 6.52 kernel install의 마지막 화면

```
bbb@Desktop: ~/bb-kernel

Support/FAQ: http://elinux.org/BeagleBoardUbuntu

default username:password is [ubuntu:temppwd]

arm login: ubuntu
Password:
Welcome to Ubuntu 14.04.3 LTS (GNU/Linux 4.4.1-bone4 armv7l)

 * Documentation:  https://help.ubuntu.com/

The programs included with the Ubuntu system are free software;
the exact distribution terms for each program are described in the
individual files in /usr/share/doc/*/copyright.

Ubuntu comes with ABSOLUTELY NO WARRANTY, to the extent permitted by
applicable law.

To run a command as administrator (user "root"), use "sudo <command>".
See "man sudo_root" for details.

ubuntu@arm:~$ uname -r
4.4.1-bone4
ubuntu@arm:~$ 
```

그림 6.53 포팅한 후의 커널 부팅 후 버전 확인

실습 6.16 | 리눅스 커널 소스코드 다운로드

~/

1. git clone git://github.com/robertcnelson/bb-kernel.git
2. cd bb-kernel
3. git tag
4. git checkout -b tmp 4.4.1-bone4
5. git show

실습 6.17 | 커널 빌드

~/bb-kernel

1. linaro compiler가 설치되어 있는지 확인한다.
2. build_kernel.sh 파일을 수정한다.
3. unset CC 라인을 찾아서 주석처리한다. (줄 맨 앞에 # 추가)
4. ./build_kernel.sh

실습 6.18 | 커널 설치

~/bb-kernel

1. microSD를 PC에 장착한다.
2. lsblk 명령 실행 후 /dev/sdX에서 X 확인한다.
3. system.sh 파일을 수정한다.
   MMC=/dev/sdX 찾아서 X 수정 및 주석을 제거한다.(#제거)
4. ./tools/install_kernel.sh (주의: /dev/sda는 절대 아니어야 함)
5. microSD 카드를 BBB에 설치하고 부팅
6. uname -r 명령어 실행하여 버전 확인

6.3.2.2 커널 소스 다운로드, 빌드 및 설치(일반적인 방법)

microSD 메모리 카드가 새로 포맷된 상태에서 커널을 설치하게 되면 커널루트 파일 시스템(RFS, Root File System)이 없기 때문에 RFS를 먼저 설치하여야 한다. Nelson script를 이용하면 커널 설치 이전에 RFS를 자동으로 설치하기 때문에 문제가 발생하지 않지만 Nelson 스크립트를 이용하지 않는다면 문제가 된다. 따라서 루트 파일 시스템을 먼저 설치하여야 한다.

RFS는 다음 사이트에서 다운로드한다.

```
https://rcn-ee.com/rootfs/eewiki/minfs/ubuntu-18.04.1-minimal-armhf-2018-07
-30.tar.xz
```

이것을 다운로드하고 압축 해제하여 디렉터리 전체를 홈으로 복사한다. 이제 RFS를 microSD 카드 메모리에 untar 하면서 복사한다.

현재 디렉터리를 변경한다.

```
~/ubuntu-18.04.1-minimal-armhf-2018-07-30
$sudo tar xvfp armhf-rootfs-*.tar -C /media/$USER/rootfs
$sync
```

microSD 메모리에 많은 파일을 복사한 후에 항상 쓰기 작업이 완료되었는지 sync 명령어를 실행하여 확인하는 습관을 들인다.

커널의 소스코드는 Mainline 코드를 다운로드 받는다.

```
~/
$git clone https://git.kernel.org/pub/scm/linux/kernel/git/torvalds/linux.git
$cd linux
$git tag                          //버전 확인
$git checkout -b tmp v5.4         //버전 v5.4 선택
$git show
```

빌드는 아래와 같이 3단계로 진행한다.

~/linux

1) 기존에 컴파일했던 정보를 지운다.

```
$make ARCH=arm CROSS_COMPILE=$CC distclean
```

2) 컴파일 설정파일 .config 생성

```
$make ARCH=arm CROSS_COMPILE=$CC omap2plus_defconfig
```

3) 컴파일

```
$make ARCH=arm CROSS_COMPILE=$CC -j8
```

-j8 옵션에서 8은 보통 cpu core의 두배가 되게 하는데 컴파일 속도가 빨라진다.

커널 설치는 아래와 같은 순서로 진행한다. 우선 환경변수에 많이 사용될 커널의 버전 정보를 할당하자.

```
export kv=v5.4
```

1) 커널 이미지를 설치한다.

```
sudo cp –v arch/arm/boot/zImage /media/$USER/rootfs/boot/vmlinuz-
$kv
```

2) 커널 디바이스 트리 블롭(Kernel device tree blob)을 설치한다.

```
sudo cp -v arch/arm/boot/dts/am335x-boneblack.dtb /media/$USER/
rootfs/boot/
```

3) 커널 모듈을 설치한다.

```
sudo make ARCH=arm CROSS_COMPILE=$CC (아랫줄은 연결됨)
INSTALL_MOD_PATH=/media/$USER/rootfs modules_install
sync
```

기타 아래와 같은 필수 파일을 작업한다.

1) uEnv.txt 파일에 로드할 커널버전 정보를 써 넣는다.

```
sudo sh -c "echo 'uname_r=$kv' >> /media/$USER/rootfs/boot/uEnv.txt"
```

2) fs (File System) 파일 수정(/media/$USER/rootfs/etc/fstab)

```
sudo sh -c "echo '/dev/mmcblk0p1 / auto  errors=remount-ro  0  1' >>
/media/$USER/rootfs/etc/fstab"
```

3) 네트워크를 사용하기 위해서 아래와 같은 작업

파일 /media/$USER/rootfs/etc/network/interfaces에 아래 내용을 추가한다.

```
auto lo
Iface lo inet loopback

iface usb0 inet static
address 192.168.7.2
netmask 255.255.255.252
network 192.168.7.0
gateway 192.168.7.1
```

필수작업은 아니지만 유용한 옵션으로서 부팅 시에 메시지가 너무 많아서 메시지 수를 줄이는 방법은 uEnv.txt 파일을 아래와 같이 라인을 추가/수정하면 된다.

```
cmdline=coherent_pool=1M net.ifname=0 quiet
```

실습 6.19 | 루트 파일 시스템 (RFS, Root File System) 설치

1. microSD 메모리를 PC에 장착한다.
2. RFS 다운로드
   https://rcn-ee.net/rootfs/eewiki/minfs/ubuntu-18.04.1-minimal-armhf-2018-07-30.tar.xz
3. 압축해제 및 압축해제된 디렉토리를 홈으로 복사

4. 디렉터리 변경
   cd ~/ubuntu-18.04.1-minimal-armhf-2018-07-30
5. untar 하면서 복사 :
   ~/ubuntu-16.04.1-minimal-armhf-2018-07-30
   sudo tar xfvp armhf-rootfs-*.tar -C /media/$USER/rootfs

실습 6.20 | 커널 소스코드 다운로드 및 버전 설정

~/
1. git clone https://git.kernel.org/pub/scm/linux/kernel/git/torvalds/linux.git
2. cd linux
3. git tag //버전 확인
4. git checkout -b tmp v5.4 //버전 v5.4 선택
5. git show

실습 6.21 | 커널 빌드

~/linux
1. distclean을 실행
   make ARCH=arm CROSS_COMPILE=$CC distclean
2. .config 생성
   make ARCH=arm CROSS_COMPILE=$CC omap2plus_defconfig
3. zImage, dtbs, modules 생성
   make ARCH=arm CROSS_COMPILE=$CC -j8

실습 6.22 | 커널 설치

~linux
1. 커널 버전의 환경변수 선언
   export kv=v5.4
2. 커널 이미지 복사
   sudo cp -v arch/arm/boot/zImage /media/$USER/rootfs/boot/vmlinuz-$kv
3. 커널 디바이스 트리 블롭 설치
   sudo cp -v arch/arm/boot/dts/am335x-boneblack.dtb /media/$USER/rootfs/boot

4. 커널 모듈 설치

```
sudo make ARCH=arm CROSS_COMPILE=$CC INSTALL_MOD_PATH=/media/$USER/rootfs modules_install
```

5. 메인 메모리에 있는 writing 작업이 microSD 카드메모리에서 끝나기를 기다림

```
sync
```

실습 6.23 | uEnv.txt 파일 수정

sudo sh -c "echo 'uname_r=$kv' >> /media/$USER/rootfs/boot/uEnv.txt"
(위 명령은 sudo vi /media/$USER/rootfs/boot/uEnv.txt 파일을 직접 수정해도 됨
uname_r=v5.4)

실습 6.24 | fatab (File System TABle) 수정

sudo sh -c "echo '/dev/mmcblk0p1 / auto errors=remount-ro 0 1' >>/media/$USER/rootfs/etc/fstab"
(위 명령은 sudo vi /media/$USER/rootfs/etc/fstab 파일을 직접 수정해도 됨
/dev/mmcblk0p1 / auto errors=remount-ro 0 1)

실습 6.25 | 네트워크 (Network)

1. /media/$USER/rootfs/etc/network/interfaces 파일에 아래내용을 추가한다.

```
auto lo
iface lo inet loopback

iface usb0 inet static
address 192.168.7.2
netmask 255.255.255.252
network 192.168.7.0
gateway 192.168.7.1
```

실습 6.26 | Umount 및 부팅

PC에서 microSD 작업을 마친 후에는 항상 unmount 동작을 해서 microSD 메모리를 제거하도록 한다.

1. sudo umount /dev/sdX1
2. microSD를 PC에서 제거하고 BBB에 설치 후 부팅
3. 버전 확인

CHAPTER 7

커널 모듈 및 디바이스 드라이버

디바이스 드라이버도 커널 모듈(Loadable Kernel Module, LKM)의 하나이다. 커널 모듈은 시스템 부팅 후에 동적으로 로딩하는 커널의 한 부분으로서 커널 전체를 다시 컴파일 할 필요 없다. 디바이스 드라이버, 파일 시스템, 네트워크 프로토콜 등이 모듈로 제공되는데 일반 응용 프로그램(Application)과의 차이점은 main() 함수가 없고 커널에 로딩될 때와 커널에서 제거될 때 module_init()과 module_exit() 함수가 호출된다는 점이다.

7.1 커널 모듈

hello.c라는 커널 모듈 프로그램의 예를 들어보자.

```
//hello.c
#include <linux/init.h>           //macro정의 (__init, __exit)
#include <linux/kernel.h>         //type, macro, function (KERN_ALERT)
#include <linux/module.h>         //중요한 header 파일
MODULE_LICENSE("GPL");

static int __init hello_begin (void) {
```

```
    printk(KERN_ALERT "Hello, Module! ₩n");
    return 0;
}

static void __exit hello_end (void) {
    printk(KERN_ALERT "Good bye, Module! ₩n");
}

module_init(hello_begin);
module_exit(hello_end);
```

이 파일을 컴파일하려면 아래와 같은 Makefile이 필요하다.

```
obj-m := hello.o
KDIR :=~/bb-kernel/KERNEL/

all:
    make ARCH=arm CROSS_COMPILE=$(CC) -C $(KDIR) M=$(PWD) modules

clean:
    make ARCH=arm CROSS_COMPILE=$(CC) -C $(KDIR) M=$(PWD) clean
```

주의할 점으로서 make 앞에는 tab 문자가 와야 한다. 컴파일 결과로서 hello.ko 파일이 생성된다. 또한 BBB Linux의 커널 버전과 생성된 커널 모듈의 Linux header 버전이 같아야 한다. 이를 위해서는 커널 빌드할 때 적어도 zImage가 컴파일되어야 한다.

다음과 같은 명령어를 실행함으로써 커널 모듈을 리눅스 커널에서 로딩하고 제거할 수 있다.

```
modinfo hello.ko (커널 모듈 hello.ko의 정보를 보여준다)
lsmod (커널 모듈의 리스트)
sudo insmod hello.ko (현재 커널에 모듈 hello.ko 로딩)
tail /var/log/kern.log (커널 로그파일 확인)
sudo rmmod hello.ko (모듈 hello.ko 삭제)
```

실습 7.1 | hello 모듈

위치:~/module/bbb/hello

1. BBB에 설치된 우분투 리눅스의 커널버전과 동일한 버전의 커널헤더 파일이 ~/bb-kernel/KERNEL/include에 설치되어 있어야 한다.
   BBB의 커널 버전을 우선 확인한다.
2. PC Linux에서 BBB 커널의 header 버전을 아래와 같이 수행하여 일치시킨다.
   .config 파일을 생성시킨 다음에 zImage 파일이 생성되도록 컴파일한다.
3. hello.c 소스코드와 Makefile을 작성
4. make all
5. hello.ko 파일을 BBB로 복사한다.
   sudo cp hello.ko /media/$USER/rootfs/home/ubuntu
6. 복사된 파일 크기를 확인하여 잘 복사되었는지를 검사함.
7. BBB 부팅
8. BBB에 로그인
9. hello.ko 확인
10. modinfo hello.ko
11. lsmod
12. sudo insmod hello.ko
13. lsmod로 hello 모듈이 설치된 것을 확인
14. tail /var/log/kern.log로 커널 메시지 확인
15. sudo rmmod hello.ko
16. lsmod로 hello 모듈이 삭제된 것을 확인
17. tail /var/log/kern.log로 커널 메시지 확인

7.2 디바이스 드라이버(Device Driver)

디바이스는 타입(Type)과 번호(Number)로 구성된다.

디바이스 타입은 다시 문자(char), 블록(block) 및 네트워크(network) 형으로 분류된다. 디바이스 번호는 주 번호(Major number)와 부 번호(Minor number)로 구성되는데 주 번호는 12bit, 부 번호는 20bit로 이루어진다.

디바이스 파일은 다음 명령어로 볼 수 있다.

```
ls -l /dev
crw-r--r--   1   root root 240,   0   Nov   28 11:30 /dev/v_device
```

가상의 문자형 디바이스 v_device를 생성해 보자.

```
sudo mknod /dev/v_device c 240 0
```

이것은 문자형 디바이스로서 주 번호 240을 갖고 있다.

디바이스 삭제는 rm 명령어를 사용하면 된다.

원래의 데이터 타입을 알아내는 방법에는 두 가지가 있다.

첫째로, grep 명령어를 이용하는 방법이다.

```
grep -r dev_t ~/bb-kernel/KERNEL/include
grep -r dev_t ~/bb-kernel/KERNEL/include |grep typedef
```

위 명령어를 반복하여 사용하면 결국 dev_t는 unsigned int라는 사실을 알아낼 수 있다.

두 번째 방법은 Linux Cross Reference를 이용하는 것이다.

http://lxr.free-electrons.com 에 접속하여 identifier search를 실행하면 된다.

다음에 문자형 디바이스 드라이버에 대하여 알아보자. 문자형 디바이스를 등록하는 방법에는 구 방식과 신 방식이 있다.

구 방식(Old style)에는 디바이스 등록할 때 register_chardev() 함수를 사용하고 해제할 때는 unregister_chrdev() 함수를 사용한다. 그러나 신 방식(New style)에서는 디바이스를 등록할 때에 register_chrdev_region(), cdev_init(), cdev_add() 함수를 차례로 실행한다. 해제할 때에는 cdev_del(), unregister_chrdev_region() 함수를 차례로 실행한다. 이런 함수들의 Kernel API는 다음 사이트를 참고하면 된다.

```
Kernel API : http://www.kernel.org/doc/htmldocs/kernel-api/
```

아래 코드는 문자형 디바이스 드라이버의 한 예를 나타낸다.

```
//bbb_driver.c

#include <linux/init.h>
#include <linux/kernel.h>
#include <linux/module.h>
#include <linux/fs.h>          // for file operations, register_chrdev_region()
#include <linux/kdev_t.h>      // for MKDEV
#include <linux/cdev.h>        // for struct cdev
#include <linux/uaccess.h>     // for user/kernel space copy routines
#include <linux/types.h>       // for dev_t typedef
#include <linux/slab.h>        // for kmalloc()

dev_t dev_num;                 // dev_num=MKDEV(major,minor)
struct cdev my_cdev;
char *kbuffer = NULL;

int vd_open(struct inode *inode, struct file *filp) {
    printk(KERN_ALERT " ₩nvirtual_device open function called ₩n");
    return 0;
}
int vd_release( struct inode *inode, struct file *filp ) {
    printk(KERN_ALERT " ₩nvirtual device release function called ₩n");
    return 0;
}

ssize_t vd_write(struct file *filp, const char *buf, size_t count, loff_t *f_pos) {
```

```
    printk(KERN_ALERT " ₩nvirtual_device write function called ₩n");
    if(copy_from_user(kbuffer, buf, 1024))
        return -EFAULT;
    return count;
}

ssize_t vd_read(struct file *filp, char *buf, size_t count, loff_t *f_pos) {
    printk(KERN_ALERT " ₩nvirtual_device read function called ₩n");
    if(copy_to_user(buf, kbuffer, 1024))
        return -EFAULT;
    return count;
}
// file operations
struct file_operations my_fops = {
    .open = vd_open,
    .release = vd_release,
    .read = vd_read,
    .write = vd_write,
};

static int __init vd_init(void) {
    dev_num = MKDEV(240,0);
    register_chrdev_region(dev_num, 1, "my_device");
                                        //dev_t, device 갯수, device이름
    printk(KERN_ALERT "BBB Device driver is initialized! ₩n");
    cdev_init(&my_cdev, &my_fops);
    cdev_add(&my_cdev, dev_num, 1);
    kbuffer = (char*) kmalloc(1024, GFP_KERNEL);
    return 0;
}
static void __exit vd_exit(void) {
    printk(KERN_ALERT "driver removed. ₩n");
    cdev_del(&my_cdev);
    unregister_chrdev_region(dev_num,1);
    kfree(kbuffer);
}
```

```
module_init(vd_init);
module_exit(vd_exit);
MODULE_LICENSE("GPL");
```

이 코드에서 단계별 호출관계는 그림 7.1에 나타낸다. 사용자 응용 프로그램에서 open() system call을 사용하면 실제 디바이스 드라이버에서는 vd_open() 함수가 사용되는 것을 나타낸다. kmalloc(size, flags) 함수는 user space에서의 malloc()과 유사하며 byte 단위로 커널메모리를 할당한다. 최대 32 page밖에 할당하지 못하기 때문에 총 32 x 4,096=128KB를 할당할 수 있다. size 크기의 메모리 포인터를 return하고 에러발생시 NULL을 리턴한다.

이 디바이스 드라이버의 기능으로서 vd_write() 함수는 copy_from_user() 함수를 실행하는데 user space의 메모리 영역을 kernel space의 메모리 영역으로 복사하는 함수이다. 이 함수는 성공했을 때에는 0을 리턴하고 실패 시에는 copy하지 못한 byte 수를 리턴한다. copy_to_user() 함수는 vd_read() 함수가 실행될 때 동작하는데 성공했을 때 0을 리턴하고 실패했을 때에는 copy하지 못한 바이트 크기를 리턴한다.

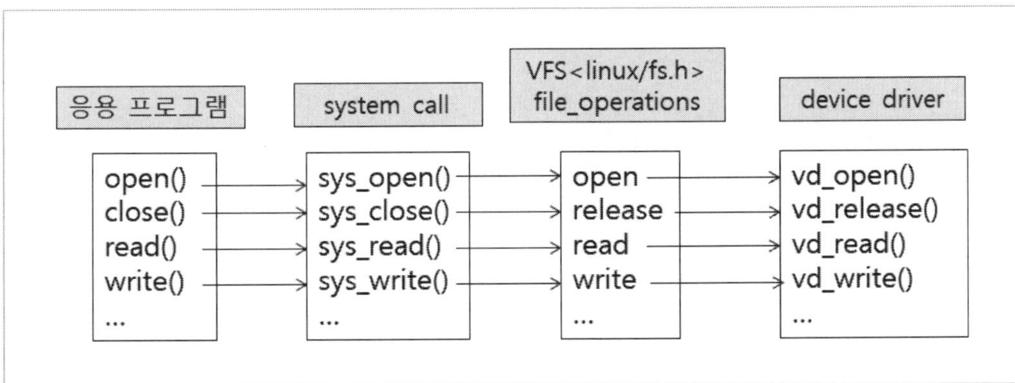

그림 7.1 Linux의 단계별 호출 관계

이 디바이스 드라이버를 컴파일하는 Makefile은 아래에 나타낸다.

```
//Makefile for bbb_driver.c
obj-m = bbb_driver2.o
KDIR  := ~/bb-kernel/KERNEL/
all:
	make ARCH=arm CROSS_COMPILE=$CC -C $(KDIR) M=$(PWD) modules
clean:
	make ARCH=arm CROSS_COMPILE=$CC -C $(KDIR) M=$(PWD) clean
```

make all 명령을 실행하면 bbb_driver.ko 파일이 생성된다. 이 드라이버를 커널에 로딩하고 user space에서 사용자 응용 프로그램을 실행해서 드라이버를 테스트한다. 사용자 응용 프로그램의 소스 코드 testapp.c는 아래와 같다.

```
//testapp.c
#include <stdio.h>
#include <unistd.h>
#include <sys/fcntl.h>

int main(int argc, char *argv[]) {
    int fd;
    char ubuff[1024] = "Text in buffer ₩n";
    char kbuff[1024];
    printf("Device driver test from user application. ₩n");
    fd = open("/dev/v_device", O_RDWR);
    printf("file descriptor : %d ₩n", fd);

    if(fd < 0) {
        printf("device file open error ₩n");
        return -1;
    }
    write(fd, ubuff, 1);
    printf("Write user buffer to device: %s ₩n", ubuff);

    read(fd, kbuff, 1);
    printf("read kernel buffer from device: %s ₩n", kbuff);
```

```
    close(fd);

    return 0;
}
```

이 사용자 응용 프로그램 testapp.c는 ubuff에 있는 문자 배열 "Text in buffer\n"를 디바이스에 쓰고 다시 디바이스를 읽어서 문자배열 kbuff에 복사하는 프로그램이다. 이 응용 프로그램을 컴파일할 때에는 arm용 컴파일러를 사용한다.

```
arm-linux-gnueabihf-gcc testapp.c –o testapp
```

이 testapp 프로그램을 실행하면 user space에서 시스템 콜을 사용하여 하드웨어를 제어할 수 있다. 즉, 디바이스 드라이버를 제어할 수 있게 된다.

실습 7.2 | bbb_driver.ko 드라이버

위치:~/module/bbb/bbb_driver

1. bbb_driver.c 작성
2. Makefile 작성
3. make all
4. linux가 설치된 microSD 카드를 PC에 장착 =>auto mounting
5. sudo cp bbb_driver.ko /media/user/rootfs/home/ubuntu
6. sudo umount /dev/sdX1
7. microSD 카드를 빼서 BBB에 장착 후 부팅

실습 7.3 | testapp 응용 프로그램

위치:~/module/bbb/bbb_driver

1. testapp.c 작성
2. ${CC}gcc testapp.c –o testapp

실습 7.4 | 드라이버와 응용 프로그램 테스트 (bbb_driver.ko와 testapp)

~/module/bbb/bbb_driver

1. microSD 카드를 PC에 장착
2. cp bbb_driver.ko testapp /media/$USER/rootfs/home/ubuntu
3. 2번에서 파일 복사 후 BBB 부팅 및 로그인
4. bbb_driver.ko 와 testapp 파일이 있는지 확인
   ls -l
5. 현재 문자 디바이스 번호 확인
   cat /proc/devices
6. c type, major 240, minor 0 인 문자 디바이스 생성
   sudo mknod /dev/v_device c 240 0
7. 디바이스 드라이버 설치
   sudo insmod bbb_driver.ko
8. 커널 메시지 확인:BBB driver is loaded. 240:0
   dmesg|tail
9. /testapp 실행
10. 커널 메시지 확인
    dmesg|tail -40
    또는 tail /var/log/kern.log

CHAPTER 8

안드로이드 설치 및 빌드

8.1 안드로이드 설치

Android는 크게 세 부분으로 이루어지는데 Bootloader, Kernel, Android file system이며 리눅스 기반의 모바일 플랫폼(운영체제)이다. 응용 프로그램은 달빅(Dalvik) 가상머신 위에서 동작한다. 그림 8.1은 안드로이드의 구조를 나타낸다.

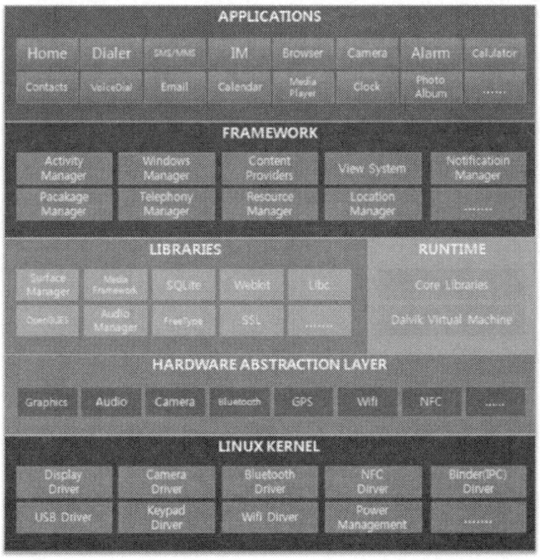

그림 8.1 안드로이드 구조

Bootloader는 u-boot을 사용하며 설치 방법은 이미 Linux 포팅 때 학습하였다. 따라서 Linux file system 대신에 Android file system을 만들어서 microSD에 설치하면 된다. 그러나 Android root file system의 압축된 크기가 120MB가 넘는다. 따라서 압축해제하면 약 500MB가 되는 매우 방대한 양이 되는데 이것을 만드는 일이 결코 쉬운 일은 아니다. Andrew Henderson은 Android Kitkat 4.4.4 버전을 빌드해서 이미지파일로 제공한다. 따라서 아래 사이트에서 파일을 다운로드 받아서 설치하면 쉽게 안드로이드를 설치할 수 있다. (265MB)

```
https://sourceforge.net/projects/bbbandroid/
```

파일을 압축해제 후에 dd 명령어를 이용하여 설치한다.

```
sudo dd if=bbbandroid_111514.img of=/dev/sdX bs=1M status=progress
```

실습 8.1 | Pre-built Android 설치

1. 파일 다운로드 https://sourceforge.net/projects/bbbandroid/
2. 압축해제 후 홈 디렉토리로 이동
3. microSD 메모리를 PC에 장착
4. 설치
   dd if=bbbandroid_111514.img of=/dev/sdX bs=1M status=progress
5. microSD 메모리를 PC에서 꺼내어 BBB에 장착
6. BBB에 LCD display 연결
7. Power Adapter 연결

8.2 안드로이드 소스코드 빌드

Android source file은 공식적으로 source.android.com(AOSP)에서 받을 수 있는데 이 사이트는 결국 android.googlesource.com과 연결되며 repo 툴을 이용하여 받는다. Android 4.3은 JellyBean이고 4.4는 Kitkat이다. 다음은 Jelly Bean 소스코드를 다운로드 받는 것이다.

```
repo init -u https://android.googlesource.com/platform/manifest
-b android-4.3_r2.1
```

major.minor 버전은 -4.3로 표시되고 release는 _r2.1로 표시된다. 웹 브라우저로 https://android.googlesource.com/platform/manifest를 접속하여 Branches를 보면 다른 버전도 모두 볼 수 있다. 이 소스코드를 받으면 무려 27GB 정도가 되는 어마어마한 양의 소스코드를 받게 된다. 시간도 약 50분 정도 걸린다. 이것을 make를 이용하여 컴파일하면 컴퓨터 사양에 따라 다르지만 필자의 경우 약 2시간이 약간 넘게 걸렸다.

컴파일 속도는 일반적으로 CPU의 성능, 메모리(RAM)의 크기와 속도, 하드 디스크 액세스 속도의 순서로 영향을 받는다. 즉, CPU의 성능이 가장 좋아야 하고 메모리 크기도 클수록 컴파일 속도는 빠르게 된다. 컴파일 방법은 아래와 같다. Android 4.x 버전의 빌드에는 openjdk 버전 6이 필요하다. 설치는 다음과 같다.

```
sudo apt-get install openjdk-6-jdk
export JAVA_HOME=/usr/lib/jvm/java-6-openjdk-amd64
```

빌드는 아래 make 명령을 실행한다.

```
make TARGET_PRODUCT=beagleboneblack OMAPES=4.x droid –j8
```

여기서 -j8은 보통 CPU 개수x2로 계산되며 경우에 따라서 약간 더 증가시켜도 된다. 너무 증가시키면, 예를 들어서 -j16으로 make를 수행하면 잘 되다가 나중에 작업이 정지되는 현상이 발생되기도 한다. 또한 끝나지 않은 작업이 있다는 에러를 발생시키기도 한다. 컴파일이 완료되면 Android root file system 즉, rootfs.tar.bz2 파일을 만들어서

microSD에 복사하여야 한다.

실습 8.2 | repo 설치

1. 파일 설치
   curl https://storage.googleapis.com/git-repo-downloads/repo > ~/bin/repo
2. 실행모드로 변경
   chmod a+x ~/bin/repo

실습 8.3 | 안드로이드 소스코드 다운로드

1. repo init -u https://github.com/csimmonds/android4beagle -b android-6.0
2. repo sync -c

실습 8.4 | openjdk-7 설치

1. sudo add-apt-repository ppa:openj0ㅏr/ppa
   sudo apt-get update
   sudo apt-get install openjdk-7-jdk

실습 8.5 | JAVA_HOME 환경변수 설정

1. export JAVA_HOME=/usr/lib/jvm/java-7-openjdk-amd64
2. sudo update-alternative —config java

실습 8.6 | mkimage 명령어 설치

1. sudo apt-get install u-boot-tools

실습 8.7 | 안드로이드 환경

/a4b

1. source build/envsetup.sh
2. lunch
   beagleboneblack-sd_eng 선택

실습 8.8 | Linaro gcc compiler 설치

1. http://releases.linaro.org/components/toolchain/binaries/4.9-2017.01/arm-linux-gnueabihf/gcc-linaro-4.9.4-2017.01-x86_64_arm-linux-gnueabihf.tar.xz 설치
2. ti-kernel/build-kernel.sh 파일에서 unset CC 라인을 주석처리

실습 8.9 | 소스코드 사이트 변경

~/a4b

1. ti-kernel/scripts/git.sh에서 맨 마지막 부분에서 링크를 다음과 같이 수정한다.
   git clone https://kernel.googlesource.com/pub/scm/linux/kernel/git/torvalds/linux

실습 8.10 | 빌드 및 설치

~a4b

1. ./build-beagleboneblack.sh
2. script/write-sdcard-beagleboneblack.sh sdX
   X는 lsblk 명령으로 알아낸다.

8.3 BBB를 위한 안드로이드 프로젝트

8.3.1 Rowboat 프로젝트

일련의 개발자들이 Beaglebone black 보드에다가 안드로이드를 포팅하는 프로젝트를 진행했는데 첫째, Rowboat 프로젝트가 유명한데 이것은 시기적으로 가장 앞선 것이다. 이 프로젝트는 Beagleboard와 Beaglebone black 보드에 Android donut, eclair, froyo를 포팅하는 프로젝트이다. 현재는 활동을 하지 않으며 공식 사이트는 code.google.com/p/rowboat로 연결된다. Kernel 3.2만 지원한다.

8.3.2 TI 프로젝트

둘째, BBB의 AM335x sitara processor를 개발하여 보급하는 TI에서 제공하는 Android 프로젝트가 있는데 다음 사이트에서 볼 수 있다. Android Jelly Bean 까지 지원한다.

```
http://www.ti.com/tool/androidsdk-sitara
```

예로써 Jelly Bean 4.2.2를 개발하는 사이트는 다음과 같다.

```
http://processors.wiki.ti.com/index.php/TI-Android-JB-4.2.2-DevKit-4.1.1_
DeveloperGuide
```

이 사이트도 역시 Kernel 3.2만 지원한다. 아래의 URL에는 미리 package로 만든 파일(pre-packaged source)을 다운로드 받을 수 있다.

```
http://downloads.ti.com/sitara_android/esd/TI_Android_DevKit/TI_Android_JB_
4_2_2_DevKit_4_1_1/exports/TI_Android_JB_4.2.2_DevKit_4.1.1.bin
```

TI 방법은 한 번에 u-boot, kernel을 컴파일하고 그 다음에 android root file system을 빌드하며 이것들을 한꺼번에 microSD 메모리에 설치할 수 있어서 안드로이드 포팅이 편리하다. 그러나 위에 기술한 Rowboat 프로젝트 및 TI 사이트에서 운영하는 방법은 모두 Kernel 3.2 버전만 지원하므로 device tree를 지원하지 않는다. Device tree를 이용하면 GPIO나 확장 보드인 Cape board를 사용하는데 kernel의 재 컴파일 없이 사용할 수 있다. 이러한 단점을 극복하기 위하여 kernel을 3.8 이상에서 동작하도록 하는 여러 가지 포팅 방법들이 개발되어왔다. 이러한 방법들은 모두 rowboat 프로젝트와 TI 방법들을 개선시킨 것이기 때문에 기본적으로 유사하다.

8.3.3 Henderson 프로젝트

개선 방법 가운데 먼저 Andrew Henderson의 방법을 소개한다. 공식 사이트는 bbbandroid.org인데 bbbandroid.sourceforge.net로 연결된다. 여기서 Build 메뉴를 클

릭하면 자세한 설명이 나오며 쉽게 포팅이 완료된다. Kernel은 3.8.13을 사용하며 Android 버전은 Kitkat 4.4.4를 지원한다. 특징은 u-boot, kernel, android root file system을 한 번에 컴파일하며 microSD 카드에 설치까지 쉽게 된다. 소스코드는 다음 사이트에서 다운로드한다.

```
repo init -u http://github.com/hendersa/bbbandroid-manifest
```

이것은 AOSP(Android Open Source Project, http://source.android.com) 코드를 기반으로 하여 Beaglebone black 보드의 빌드가 편하게 되도록 포팅 입장에서 AOSP 소스코드를 약간 수정한 것이다.

8.3.4 Simmonds 프로젝트

또 다른 개선된 프로젝트로서 영국의 Chris Simmonds가 운영하는 Android4Beagle 사이트가 있는데 현재 Android vanilla를 지원한다. AOSP (Android Open Source Project) 사이트에서 소스 코드를 받아서 컴파일하고 그 결과를 microSD 카드에 설치하는 일련의 작업을 성공시켰다. 사이트 주소는 아래와 같다.

```
http://2net.co.uk/android4beagle.html
```

여기서는 Android 4.4.4 (KitKat, Linux kernel 3.2), Android-5.1.1 (Lollipop, Linux kernel 3.8), Android-6.0.1 (Marshmallow, Linux kernel 4.1)을 지원한다.

소스 코드 다운로드는 아래와 같이 repo를 이용한다.

```
repo init –u https://github.com/csimmonds/android4beagle –b android-6.0
repo sync –c (소스코드 받는데 약 1시간이 걸린다)
source build/envsetup.sh
lunch
```

여기서 beagleboneblack_sd-eng를 선택한다.

Linaro gcc compiler는 4.x를 사용한다. 또한 openjdk-7이 필요하다.

```
sudo add-apt-repository ppa:openj아-r/ppa
sudo apt-get update
sudo apt-get install openjdk-7-jdk
export JAVA_HOME=/usr/lib/jvm/java-7-openjdk-amd64
sudo update-alternative —config java
```

tools.jar 파일이 제대로 있는지 확인해보자.

```
find /usr/lib/jvm|grep tools.jar
```

빌드는 다음 스크립트를 실행한다.

```
./build_beagleboneblack.sh
```

빌드 첫 화면은 그림 8.2와 같다.

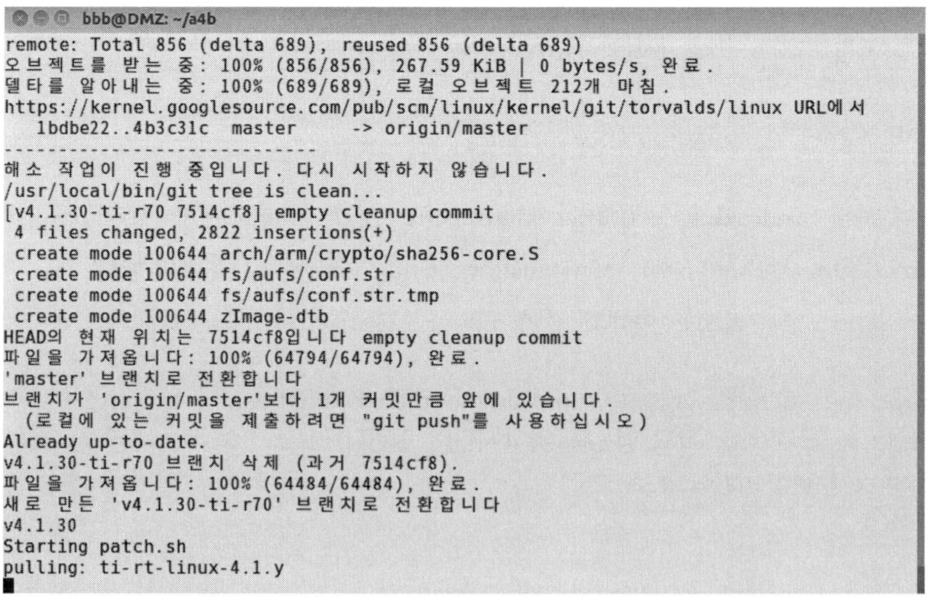

그림 8.2 Android 빌드 첫 화면

cross compiler를 다시 받아서 설치하는데 시간이 오래 걸리므로 다음 명령을 통해서 건너 띠게 할 수 있다.

ti-kernel/build-kernel.sh 파일에서 unset CC를 주석 처리한다.

또한 Android 소스코드도 빨리 다운로드 받기 위해서 google 사이트로 변경시킨다. ti-kernel/scripts/git.sh에서 맨 마지막 부분에서 torvalds 링크를 아래와 같이 수정한다.

```
git clone https://kernel.googlesource.com/pub/scm/linux/kernel/git/torvalds/linux
```

빌드가 완료되면 아래와 같은 성공 화면이 나온다.

```
bbb@DMZ: ~/a4b
Target system fs image: out/target/product/beagleboneblack/obj/PACKAGING/systemimag
e_intermediates/system.img
Running:  mkuserimg.sh out/target/product/beagleboneblack/system out/target/product
/beagleboneblack/obj/PACKAGING/systemimage_intermediates/system.img ext4 system 536
870912 -D out/target/product/beagleboneblack/system -L system out/target/product/be
agleboneblack/root/file_contexts
make_ext4fs -T -1 -S out/target/product/beagleboneblack/root/file_contexts -L syste
m -l 536870912 -a system out/target/product/beagleboneblack/obj/PACKAGING/systemima
ge_intermediates/system.img out/target/product/beagleboneblack/system out/target/pr
oduct/beagleboneblack/system
Creating filesystem with parameters:
    Size: 536870912
    Block size: 4096
    Blocks per group: 32768
    Inodes per group: 8192
    Inode size: 256
    Journal blocks: 2048
    Label: system
    Blocks: 131072
    Block groups: 4
    Reserved block group size: 31
Created filesystem with 1641/32768 inodes and 124443/131072 blocks
Install system fs image: out/target/product/beagleboneblack/system.img
out/target/product/beagleboneblack/system.img+ maxsize=548110464 blocksize=4224 tot
al=536870912 reserve=5537664
SUCCESS! Everything built for beagleboneblack_sd
bbb@DMZ:~/a4b$
```

그림 8.3 Android 빌드의 성공

빌드 중에 unsupported reloc 43 등과 같은 에러가 발생하면 다음 그림 8.4와 같이 build/core/clang/HOST_x86_common.mk 파일을 수정한다.

```
CLANG_CONFIG_x86_DARWIN_HOST_EXTRA_CFLAGS := \
  -integrated-as

CLANG_CONFIG_x86_DARWIN_HOST_EXTRA_CFLAGS += -fstack-protector-strong
endif

ifeq ($(HOST_OS),linux)
CLANG_CONFIG_x86_LINUX_HOST_EXTRA_ASFLAGS := \
  --gcc-toolchain=$($(clang_2nd_arch_prefix)HOST_TOOLCHAIN_FOR_CLANG) \
  --sysroot $($(clang_2nd_arch_prefix)HOST_TOOLCHAIN_FOR_CLANG)/sysroot \
  -B$($(clang_2nd_arch_prefix)HOST_TOOLCHAIN_FOR_CLANG)/x86_64-linux/bin

CLANG_CONFIG_x86_LINUX_HOST_EXTRA_CFLAGS := \
  --gcc-toolchain=$($(clang_2nd_arch_prefix)HOST_TOOLCHAIN_FOR_CLANG)

CLANG_CONFIG_x86_LINUX_HOST_EXTRA_CFLAGS += -fstack-protector-strong

ifneq ($(strip $($(clang_2nd_arch_prefix)HOST_IS_64_BIT)),)
CLANG_CONFIG_x86_LINUX_HOST_EXTRA_CPPFLAGS := \
  --gcc-toolchain=$($(clang_2nd_arch_prefix)HOST_TOOLCHAIN_FOR_CLANG) \
  --sysroot $($(clang_2nd_arch_prefix)HOST_TOOLCHAIN_FOR_CLANG)/sysroot \
```

그림 8.4 unsupported reloc 43 에러에 대한 수정

계속 에러가 발생하면 out/host 디렉터리를 삭제하고 다시 빌드한다. 빌드 후 microSD 카드에 설치하는데 mkimage 명령어가 필요한데 이것은 다음과 같은 명령어로 설치한다.

```
sudo apt install u-boot-tools
```

설치는 다음 명령과 같이 한다.

```
scripts/write-sdcard-beagleboneblack.sh sdX
```

microSD 메모리에 설치한 화면은 그림 8.5와 같다.

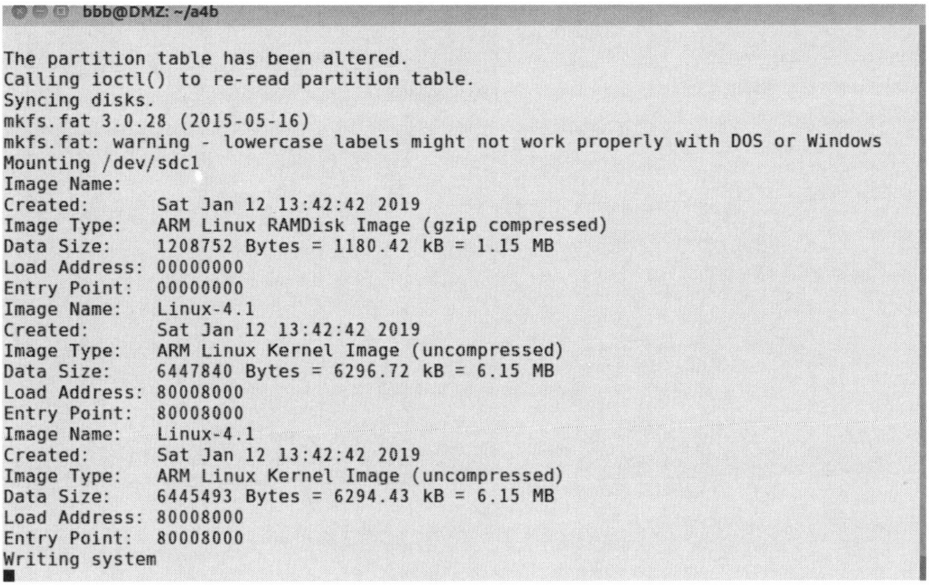

```
bbb@DMZ: ~/a4b
The partition table has been altered.
Calling ioctl() to re-read partition table.
Syncing disks.
mkfs.fat 3.0.28 (2015-05-16)
mkfs.fat: warning - lowercase labels might not work properly with DOS or Windows
Mounting /dev/sdc1
Image Name:
Created:      Sat Jan 12 13:42:42 2019
Image Type:   ARM Linux RAMDisk Image (gzip compressed)
Data Size:    1208752 Bytes = 1180.42 kB = 1.15 MB
Load Address: 00000000
Entry Point:  00000000
Image Name:   Linux-4.1
Created:      Sat Jan 12 13:42:42 2019
Image Type:   ARM Linux Kernel Image (uncompressed)
Data Size:    6447840 Bytes = 6296.72 kB = 6.15 MB
Load Address: 80008000
Entry Point:  80008000
Image Name:   Linux-4.1
Created:      Sat Jan 12 13:42:42 2019
Image Type:   ARM Linux Kernel Image (uncompressed)
Data Size:    6445493 Bytes = 6294.43 kB = 6.15 MB
Load Address: 80008000
Entry Point:  80008000
Writing system
```

그림 8.5 microSD 메모리에 안드로이드 설치화면

8.3.5 Globaledge 프로젝트

Globaledge software사에서 MarshMallow 버전을 포팅한 사례가 아래 사이트 Andriod Marshmallow Porting on Beaglebone Black에 자세히 기술되어 있다.

https://elinux.org/Thread:User_talk:MaheshKalmeshwar/Quick_MarshMallow_Android_Porting_on_Beaglebone_Black

부록 1

LED (BL-B5134) Datasheet

BRIGHT LED ELECTRONICS CORP.

LED LAMPS SPECIFICATION

●COMMODITY : T-1 3/4 Standard 1.0"Lead, 5 ϕ

●DEVICE NUMBER : BL-B5134 PAGE: 2

●ELECTRICAL AND OPTICAL CHARACTERISTICS (Ta=25℃) VERSION : 1.0

Chip		Lens	Absolute Maximum Rating				Electro-optical Data (At 20mA)			Viewing Angle $2\theta 1/2$ (deg)
Emitted Color	Peak Wave Length λP(nm)	Appearance	$\Delta\lambda$ (nm)	Pd (mW)	If (mA)	Peak If(mA)	Vf(V) Typ.	Vf(V) Max.	Iv Typ. (mcd)	
Bright Red	700	Red Diffused	90	40	15	50	2.2	2.6	12.0	35

Remark : Viewing angle is the Off-axis angle at which the luminous intensity is half the axial luminous intensity.

●ABSOLUTE MAXIMUN RATINGS (Ta=25℃)

Reverse Voltage 5V
Reverse Current (V_R=5V) 100μA
Operating Temperature Range .... -40℃ ~ 80℃
Storage Temperature Range .... -40℃ ~ 85℃
Lead Soldering Temperature .... 260℃ For 5 Seconds

●PACKAGE DIMENSIONS

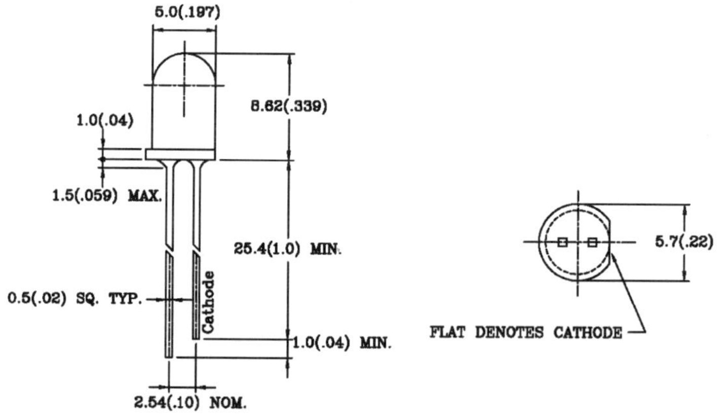

NOTES: 1.All dimensions are in millimeters (inches).
2.Tolerance is ± 0.25mm (0.01") unless otherwise specified.
3.Lead spacing is measured where the leads emerge from the package.
4.Specifications are subject to change without notice.

BRIGHT LED ELECTRONICS CORP.

LED LAMPS SPECIFICATION

- COMMODITY:T−1 3/4 Standard 1.0"Lead,5ø
- DEVICE NUMBER: BL−B5134 PAGE: 3
- ELECTRICAL AND OPTICAL CHARACTERISTICS(Ta=25°C) REVISION: 1.0

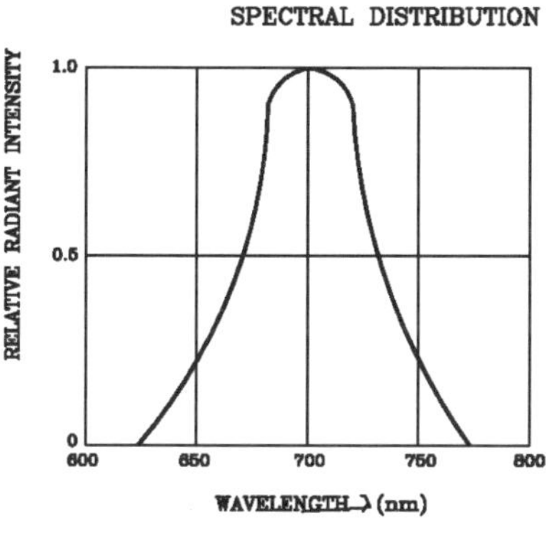

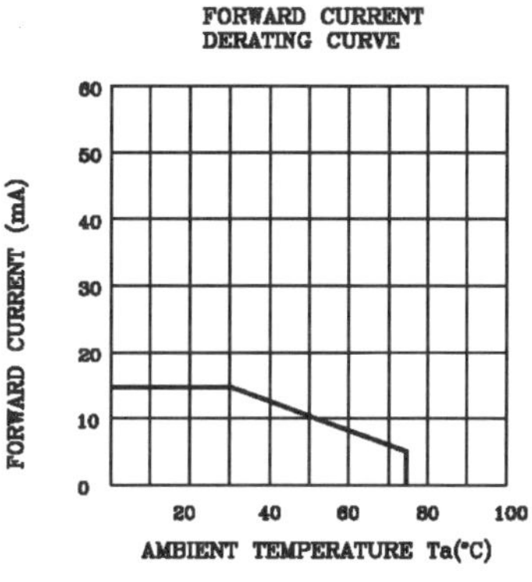

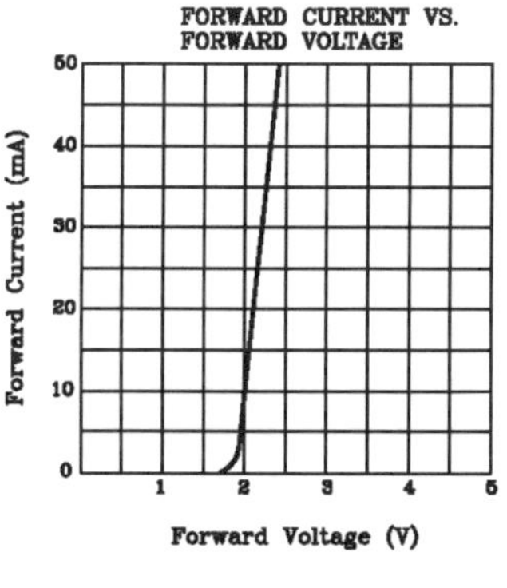

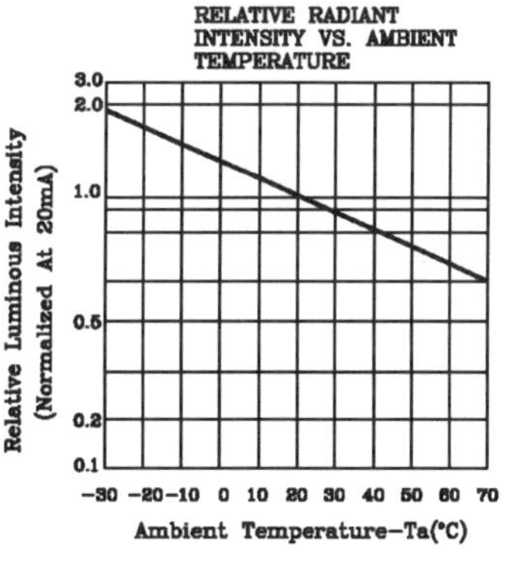

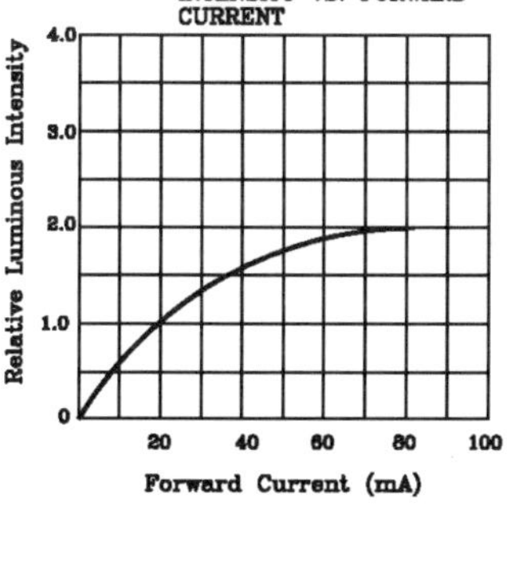

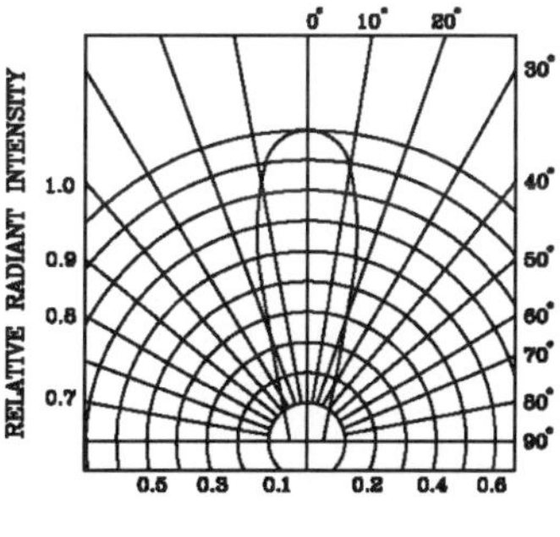

부록 2

RGB LED(YSL-R596) Datasheet

深圳市昱申科技有限公司
CHINA YOUNG SUN LED TECHNOLOGY CO., LTD.

TEL: (86) 755-28079401 28079402 28079403 28079404 28079405
FAX: (86) 755-28079407 E-mail: info@100LED.com Web: www.100LED.com

Model No.: YSL-R596CR3G4B5C-C10
RED/GREEN/BLUE Triple Color LED

Applications:

- Moving Message Display
- Full Color Display
- Banking Board
- Score Boards
- Digital Display

LED Chip Absolute Maximum Ratings: (Ta=25℃)

Pararmeter	Symbol	Red	Green	Blue	Unit
Forward current	I_F	20	20	20	mA
Peak forward current(Duty Cycle=1/10, 10KHz)	I_{PF}	30	30	30	mA
Reverse current (VV_R=5V)	I_R	10	10	10	μA
Operating temp	T_{OPR}	-25~ 85	-25~ 85	-25~ 85	℃
Storage temp	T_{STG}	-30~85	-30~85	-30~85	℃
Peak Emission Wavelength	λ P_H	625	520	467.5	nm

* Soldering Bath: not more than 5 seconds @260 ℃.The bottom ends of the plastic reflector should be at least 2mm above the solder surface

Soldering Iron: not more than 3 seconds @300 ℃ under 30W

LED Chip Typical Electircal & Optical Characteristics: (Ta=25℃)

ITEMS	Color	Symbol	Condition	Min.	Typ.	Max.	Unit
Forward Voltage	Red	V_F	I_F=20mA	1.8	2.0	2.2	V
	Green			3.0	3.2	3.4	
	Blue			3.0	3.2	3.4	
Luminous Intensity	Red	I_V	I_F=20mA	---	---	800	mcd
	Green			---	---	4000	
	Blue			---	---	900	
Wavelenength	Red	Δλ	I_F=20mA	620	623	625	nm
	Green			515	517.5	520	
	Blue			465	466	467.5	
Light Degradation after 1000 hours	Red	-4.68% ~ -8.27%					
	Green	-11.37% ~ -15.30%					
	Blue	-8.23% ~ -16.81%					

Address: 5/F, Building B, Anzhilong Indl., Qinghua East Road., Longhua Town, Shenzhen CHINA. 518109

ONE HUNDRED LED
www.100LED.com PERFECT LED

深 圳 市 昱 申 科 技 有 限 公 司
CHINA YOUNG SUN LED TECHNOLOGY CO., LTD.
TEL: (86) 755-28079401 28079402 28079403 28079404 28079405
FAX: (86) 755-28079407 E-mail: info@100LED.com Web: www.100LED.com

Light Degradation in mcd: (I_F=20mA)

Colors \ Hours	Light Degradation in mcd after Different Hours					
	216 Hrs	360 Hrs	792 Hrs	1104 Hrs	1992 Hrs	2328 Hrs
Red	1.52%	-1.22%	-3.10%	-4.68%	-5.72%	-8.27%
Green	-8.02%	-9.78%	-10.25%	-11.37%	-13.79%	-15.30%
Blue	3.13%	-0.33%	-3.84%	-8.23%	-14.32%	-16.81%

Mechanical Dimensions:

- All dimension are in mm, tolerance is ¡ 0.2mm unless otherwise noted
- An epoxy meniscus may extend about 1.5mm down the leads.
- Burr around bottom of epoxy may be 0.5mm Maximum

Unit: mm

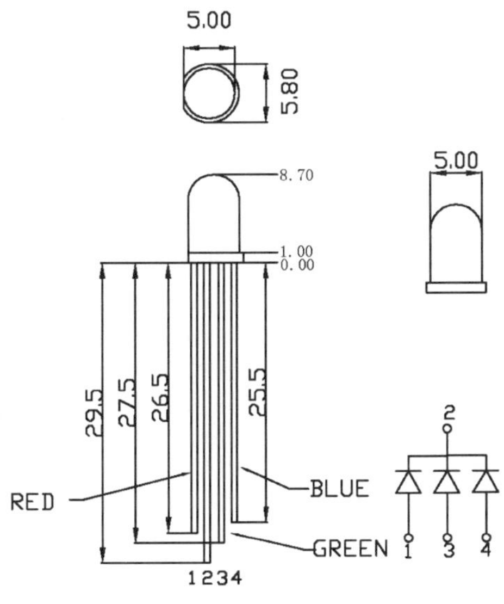

Viewing Angle Drawing

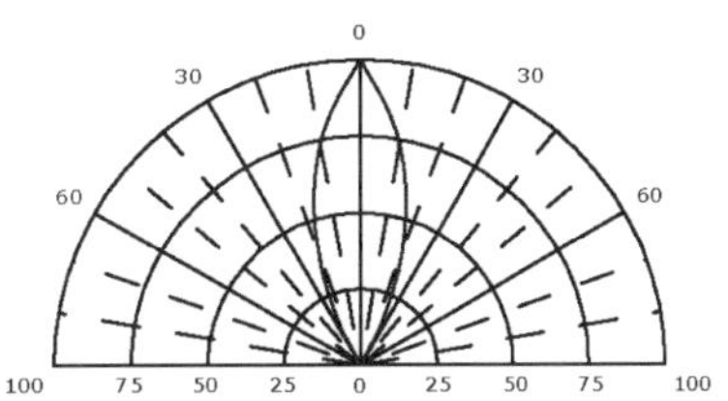

Address: 5/F, Building B, Anzhilong Indl., Qinghua East Road., Longhua Town, Shenzhen CHINA. 518109

부록 3 온도 센서(TMP36) Datasheet

ANALOG DEVICES

Low Voltage Temperature Sensors
TMP35/TMP36/TMP37

FEATURES

Low voltage operation (2.7 V to 5.5 V)
Calibrated directly in °C
10 mV/°C scale factor (20 mV/°C on TMP37)
±2°C accuracy over temperature (typ)
±0.5°C linearity (typ)
Stable with large capacitive loads
Specified −40°C to +125°C, operation to +150°C
Less than 50 μA quiescent current
Shutdown current 0.5 μA max
Low self-heating
Qualified for automotive applications

APPLICATIONS

Environmental control systems
Thermal protection
Industrial process control
Fire alarms
Power system monitors
CPU thermal management

GENERAL DESCRIPTION

The TMP35/TMP36/TMP37 are low voltage, precision centigrade temperature sensors. They provide a voltage output that is linearly proportional to the Celsius (centigrade) temperature. The TMP35/ TMP36/TMP37 do not require any external calibration to provide typical accuracies of ±1°C at +25°C and ±2°C over the −40°C to +125°C temperature range.

The low output impedance of the TMP35/TMP36/TMP37 and its linear output and precise calibration simplify interfacing to temperature control circuitry and ADCs. All three devices are intended for single-supply operation from 2.7 V to 5.5 V maximum. The supply current runs well below 50 μA, providing very low self-heating—less than 0.1°C in still air. In addition, a shutdown function is provided to cut the supply current to less than 0.5 μA.

The TMP35 is functionally compatible with the LM35/LM45 and provides a 250 mV output at 25°C. The TMP35 reads temperatures from 10°C to 125°C. The TMP36 is specified from −40°C to +125°C, provides a 750 mV output at 25°C, and operates to 125°C from a single 2.7 V supply. The TMP36 is functionally compatible with the LM50. Both the TMP35 and TMP36 have an output scale factor of 10 mV/°C.

FUNCTIONAL BLOCK DIAGRAM

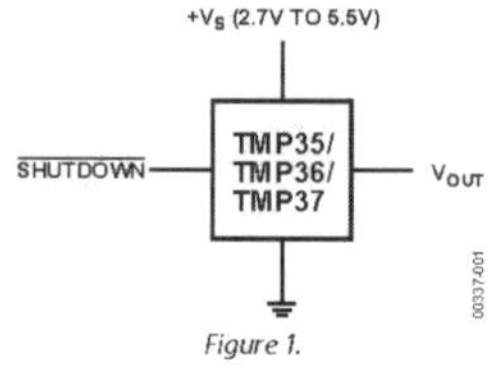

Figure 1.

PIN CONFIGURATIONS

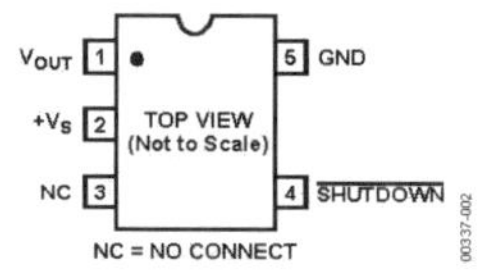

Figure 2. RJ-5 (SOT-23)

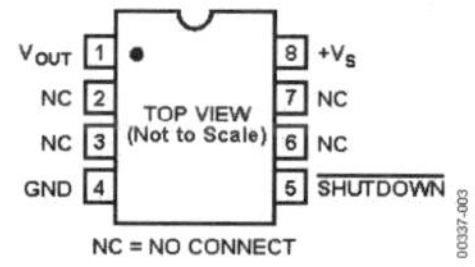

Figure 3. R-8 (SOIC_N)

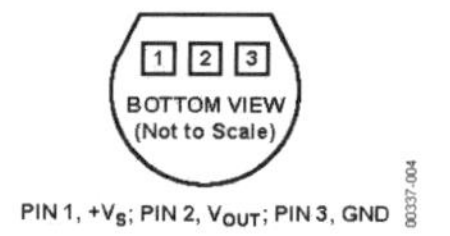

Figure 4. T-3 (TO-92)

The TMP37 is intended for applications over the range of 5°C to 100°C and provides an output scale factor of 20 mV/°C. The TMP37 provides a 500 mV output at 25°C. Operation extends to 150°C with reduced accuracy for all devices when operating from a 5 V supply.

The TMP35/TMP36/TMP37 are available in low cost 3-lead TO-92, 8-lead SOIC_N, and 5-lead SOT-23 surface-mount packages.

One Technology Way, P.O. Box 9106, Norwood, MA 02062-9106, U.S.A.
Tel: 781.329.4700 www.analog.com
Fax: 781.461.3113

SPECIFICATIONS

V_S = 2.7 V to 5.5 V, −40°C ≤ T_A ≤ +125°C, unless otherwise noted.

Table 1.

Parameter[1]	Symbol	Test Conditions/Comments	Min	Typ	Max	Unit
ACCURACY						
TMP35/TMP36/TMP37 (F Grade)		T_A = 25°C		±1	±2	°C
TMP35/TMP36/TMP37 (G Grade)		T_A = 25°C		±1	±3	°C
TMP35/TMP36/TMP37 (F Grade)		Over rated temperature		±2	±3	°C
TMP35/TMP36/TMP37 (G Grade)		Over rated temperature		±2	±4	°C
Scale Factor, TMP35		10°C ≤ T_A ≤ 125°C		10		mV/°C
Scale Factor, TMP36		−40°C ≤ T_A ≤ +125°C		10		mV/°C
Scale Factor, TMP37		5°C ≤ T_A ≤ 85°C		20		mV/°C
		5°C ≤ T_A ≤ 100°C		20		mV/°C
		3.0 V ≤ V_S ≤ 5.5 V				
Load Regulation		0 μA ≤ I_L ≤ 50 μA				
		−40°C ≤ T_A ≤ +105°C		6	20	m°C/μA
		−105°C ≤ T_A ≤ +125°C		25	60	m°C/μA
Power Supply Rejection Ratio	PSRR	T_A = 25°C		30	100	m°C/V
		3.0 V ≤ V_S ≤ 5.5 V		50		m°C/V
Linearity				0.5		°C
Long-Term Stability		T_A = 150°C for 1 kHz		0.4		°C
SHUTDOWN						
Logic High Input Voltage	V_{IH}	V_S = 2.7 V	1.8			V
Logic Low Input Voltage	V_{IL}	V_S = 5.5 V			400	mV
OUTPUT						
TMP35 Output Voltage		T_A = 25°C		250		mV
TMP36 Output Voltage		T_A = 25°C		750		mV
TMP37 Output Voltage		T_A = 25°C		500		mV
Output Voltage Range			100		2000	mV
Output Load Current	I_L		0		50	μA
Short-Circuit Current	I_{SC}	Note 2			250	μA
Capacitive Load Driving	C_L	No oscillations[2]	1000	10000		pF
Device Turn-On Time		Output within ±1°C, 100 kΩ‖100 pF load[2]		0.5	1	ms
POWER SUPPLY						
Supply Range	V_S		2.7		5.5	V
Supply Current	I_{SY} (ON)	Unloaded			50	μA
Supply Current (Shutdown)	I_{SY} (OFF)	Unloaded		0.01	0.5	μA

[1] Does not consider errors caused by self-heating.
[2] Guaranteed but not tested.

ABSOLUTE MAXIMUM RATINGS

Table 2.

Parameter[1, 2]	Rating
Supply Voltage	7 V
Shutdown Pin	GND ≤ $\overline{SHUTDOWN}$ ≤ $+V_S$
Output Pin	GND ≤ V_{OUT} ≤ $+V_S$
Operating Temperature Range	−55°C to +150°C
Die Junction Temperature	175°C
Storage Temperature Range	−65°C to +160°C
IR Reflow Soldering	
Peak Temperature	220°C (0°C/5°C)
Time at Peak Temperature Range	10 sec to 20 sec
Ramp-Up Rate	3°C/sec
Ramp-Down Rate	−6°C/sec
Time 25°C to Peak Temperature	6 min
IR Reflow Soldering—Pb-Free Package	
Peak Temperature	260°C (0°C)
Time at Peak Temperature Range	20 sec to 40 sec
Ramp-Up Rate	3°C/sec
Ramp-Down Rate	−6°C/sec
Time 25°C to Peak Temperature	8 min

[1] Digital inputs are protected; however, permanent damage can occur on unprotected units from high energy electrostatic fields. Keep units in conductive foam or packaging at all times until ready to use. Use proper antistatic handling procedures.

[2] Remove power before inserting or removing units from their sockets.

Stresses above those listed under Absolute Maximum Ratings may cause permanent damage to the device. This is a stress rating only; functional operation of the device at these or any other conditions above those indicated in the operational section of this specification is not implied. Exposure to absolute maximum rating conditions for extended periods may affect device reliability.

THERMAL RESISTANCE

θ_{JA} is specified for the worst-case conditions, that is, a device in socket.

Table 3. Thermal Resistance

Package Type	θ_{JA}	θ_{JC}	Unit
TO-92 (T-3)	162	120	°C/W
SOIC_N (R-8)	158	43	°C/W
SOT-23 (RJ-5)	300	180	°C/W

ESD CAUTION

ESD (electrostatic discharge) sensitive device. Charged devices and circuit boards can discharge without detection. Although this product features patented or proprietary protection circuitry, damage may occur on devices subjected to high energy ESD. Therefore, proper ESD precautions should be taken to avoid performance degradation or loss of functionality.

TYPICAL PERFORMANCE CHARACTERISTICS

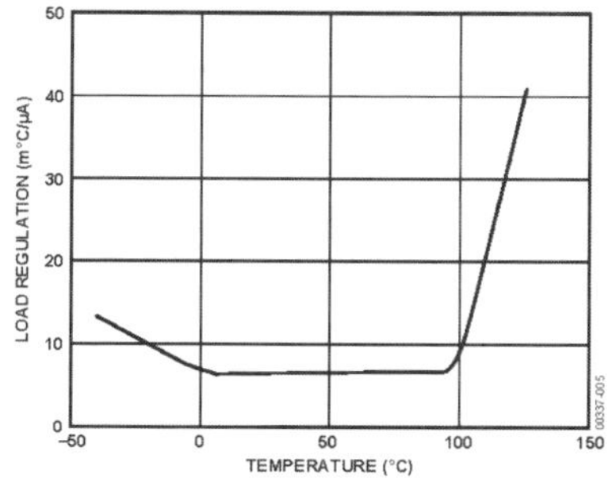

Figure 5. Load Regulation vs. Temperature (m°C/μA)

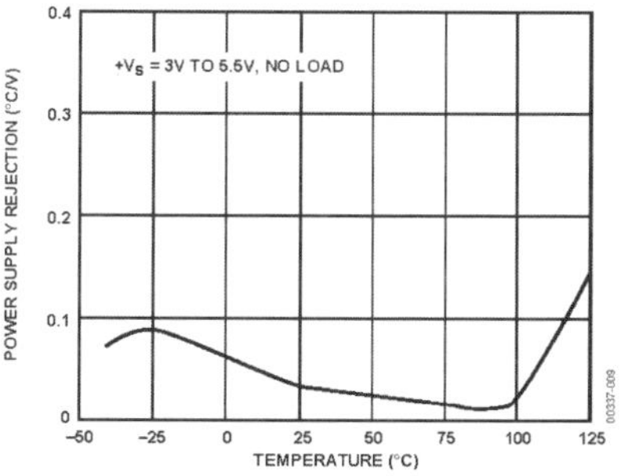

Figure 8. Power Supply Rejection vs. Temperature

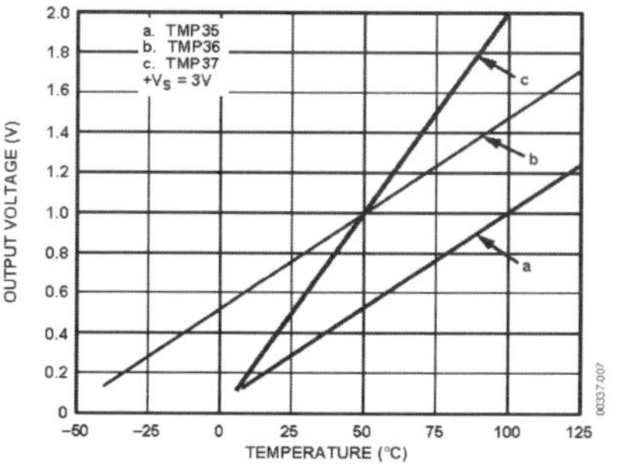

Figure 6. Output Voltage vs. Temperature

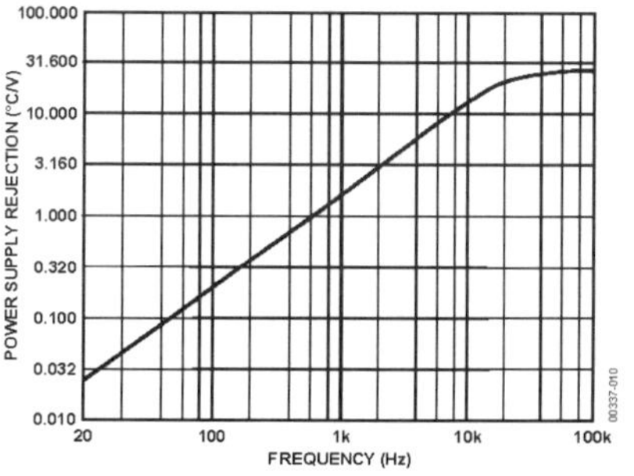

Figure 9. Power Supply Rejection vs. Frequency

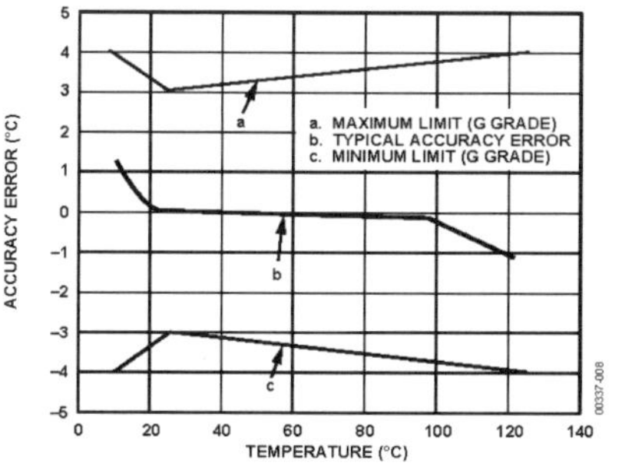

Figure 7. Accuracy Error vs. Temperature

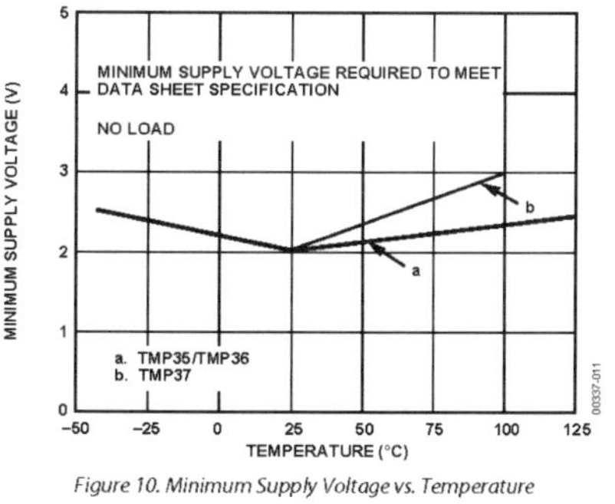

Figure 10. Minimum Supply Voltage vs. Temperature

TMP35/TMP36/TMP37

FUNCTIONAL DESCRIPTION

An equivalent circuit for the TMP3x family of micropower, centigrade temperature sensors is shown in Figure 22. The core of the temperature sensor is a band gap core that comprises transistors Q1 and Q2, biased by Q3 to approximately 8 μA. The band gap core operates both Q1 and Q2 at the same collector current level; however, because the emitter area of Q1 is 10 times that of Q2, the V_{BE} of Q1 and the V_{BE} of Q2 are not equal by the following relationship:

$$\Delta V_{BE} = V_T \times \ln\left(\frac{A_{E,Q1}}{A_{E,Q2}}\right)$$

Resistors R1 and R2 are used to scale this result to produce the output voltage transfer characteristic of each temperature sensor and, simultaneously, R2 and R3 are used to scale the V_{BE} of Q1 as an offset term in V_{OUT}. Table 4 summarizes the differences in the output characteristics of the three temperature sensors.

The output voltage of the temperature sensor is available at the emitter of Q4, which buffers the band gap core and provides load current drive. The current gain of Q4, working with the available base current drive from the previous stage, sets the short-circuit current limit of these devices to 250 μA.

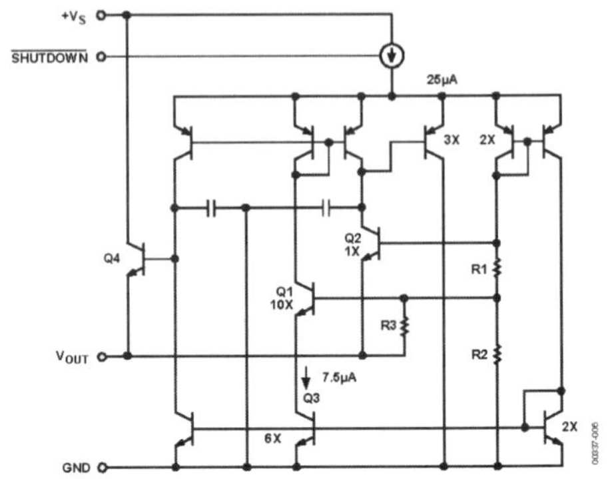

Figure 22. Temperature Sensor Simplified Equivalent Circuit

Table 4. TMP3x Output Characteristics

Sensor	Offset Voltage (V)	Output Voltage Scaling (mV/°C)	Output Voltage @ 25°C (mV)
TMP35	0	10	250
TMP36	0.5	10	750
TMP37	0	20	500

부록 4

조도 센서(GL5528) Datasheet

CdS PHOTOCONDUCTIVE CELLS GL5528

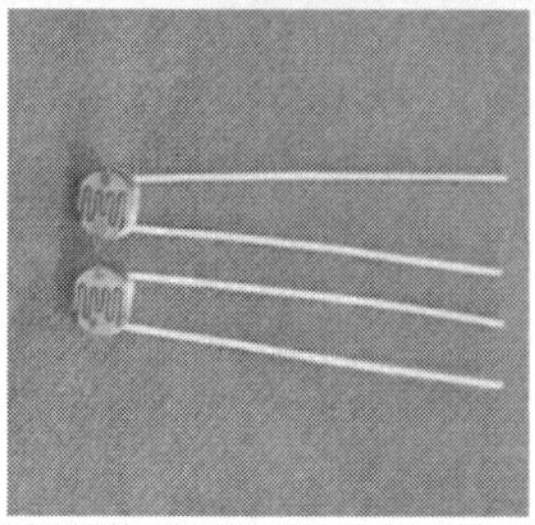

- ▲ Epoxy encapsulated
- ▲ Quick response
- ▲ Small size
- ▲ High sensitivity
- ▲ Reliable performance
- ▲ Good characteristic of spectrum

Light Resistance at 10Lux (at 25℃)	8~20KΩ
Dark Resistance at 0 Lux	1.0MΩ(min)
Gamma value at 100-10Lux	0.7
Power Dissipation(at 25℃)	100mW
Max Voltage (at 25℃)	150V
Spectral Response peak (at 25℃)	540nm
Ambient Temperature Range:	- 30~+70℃

Outline

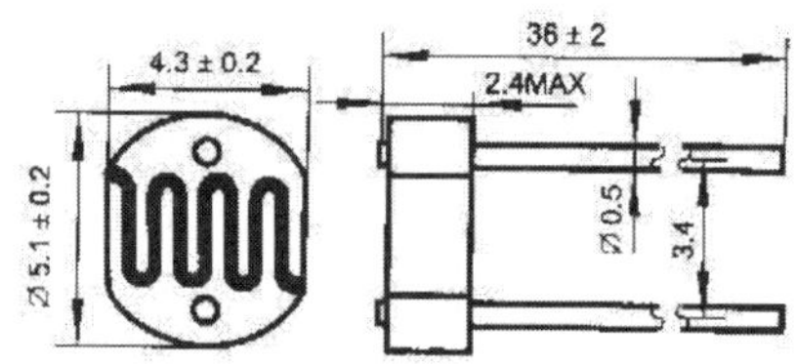

Measuring Conditions

1. Light Resistance:
   measured at 10 lux with standard light A (2854k color temperature) and 2h pre-illumination at 400-600 lux prior to testing.
2. Dark Resistance:
   measured 10 seconds after pulsed 10 lux.
3. Gamma Characteristic:
   between 10 lux and 100 lux and given by

   $$T = \frac{\log(R10/R100)}{\log(100/10)} = \log(R10/R100)$$

   R10, R100 cell resistance at 10 lux and 100 lux.
   The error of T is +0.1.
4. Pmax:
   Max. power dissipation at ambient temperature of 25°C.
5. Vmax:
   Max. voltage in darkness that may be applied to the cell continuously.

Illuminance Vs. Photo Resistance

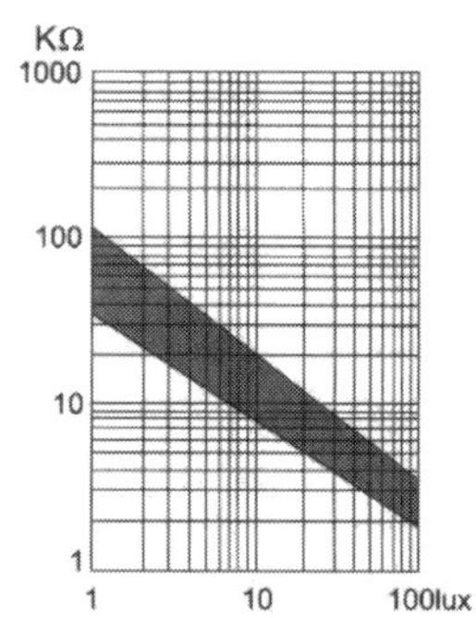

Spectral Response

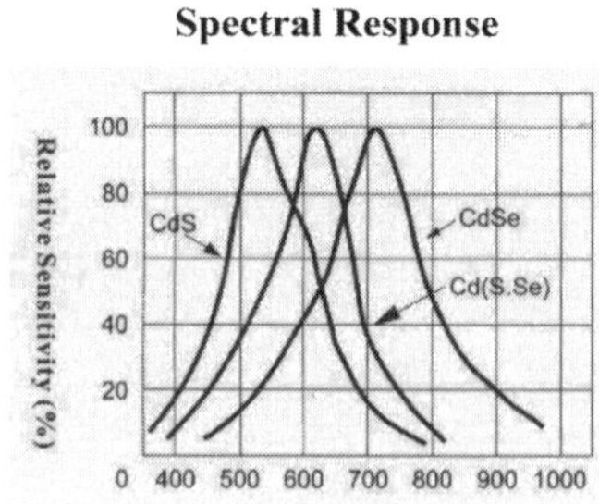

찾아보기

A

ADC 45
AM335x 5
Analog Access 43
analogRead 45
analogWrite() 44
Anode 52
AOSP 163
Apache2 76
apt-get 10

B

b.pinMode 41
Bash 30
BeagleBone Black 4
Blink 56
BoneScript 21
bonescript 41
Breadboard 53
.bashrc 109

C

Callback 45
Cathode 52
CdS 71
Client-Server 82
console 34
copy_from_user() 153
copy_to_user() 153
Cortex-A8 4

D

Datasheet 54
dd 127
Debian 92
digitalRead 42
DigitalWrite 39
Dimmer 64
distclean 125
Duty Cycle 44

E

eMMC 5
escape character 32

F

FAT32 119
fdisk 113
fgetc 35
file system 119

G

g++ 35
git 102
gitk 106
GND 37
GPIO 37
grep 150

H

handler 78
Heartbeat 25

I

ifconfig 7
Internet-over-USB 7
iptables 18

J

JavaScript 6
JIT 29
JSON 81

K

Kernel API 151
Kernel Space 25
kernel space 153
KitKat 163
kmalloc 153

L

Linaro cross compiler 108
Linux Cross Reference 150
Linux header 148
LKM 147
Lollipop 163
lsblk 110
LTS 92

M

Makefile 148
Marshmallow 163
minicom 94
mkimage 166
mmc1 26
mmcblk 130

N

Node.js 6
node.js 21
npm 79

O

openjdk 159
openjdk-7 163

P

P8 37
P9 37
Patch 124

Photocell 71
Photoresistor 71
ping 18
pinMode() 40
PL2303 93
PRU 5
PWM 43

R

Raspberry Pi 4
Read 39
Redhat 92
repo 163
require 33, 41
reset 13
RGB LED 61
RJ45 14
root 11
Rowboat 161

S

setInterval 42, 63
shutdown 13
socket 82
sudo 10
sysfs 25
system call 153
system ID 116
:set 31

T

Tactile Push Switch 59
TMP36 68
torvalds 165

U

U-boot 123
umount 121
USB-to-UART 93
User Space 25
user space 153
USR 25

V

V8 21
vfat 119

W

web server 22
WiFi Dongle 14
Write 39
writeFileSync 32

ㄱ

가상머신 157
객체 40
건전지 47
공급 전류 37
광센서 71
그라운드 37

ㄷ

다이오드 52
달빅 157
데비안 92
듀티 싸이클 44
디바이스 드라이버 91, 147
디바이스 등록 150
디바이스 번호 150
디바이스 트리 블롭 134

ㄹ

루트 파일 시스템 123
리누스 토발즈 130

ㅁ

마운트 120
마운팅 지점 110
멀티미터 40
메서드 40
메인라인 130
명세서 54
모바일 플랫폼 157

ㅂ

바닐라 130
배포판 91
병렬연결 52
부 번호 150
분해능 46
비글본 블랙 4
빵판 53

ㅅ

샘플링 46
센서 49
순방향 52
스위치 59
스크립트 프로그래밍 29
시리얼 케이블 93
싱크 37

ㅇ

아날로그 입력 38
아두이노 91
안드로이드 92, 157
애노드 52
액추에이터 49
역방향 52
오토 마운팅 113
온도 센서 68
옴 50
옴의 법칙 54
우분투 92
웹 브라우저 75
웹 서버 75
인덕터 50
임베디드 시스템 1

ㅈ

저항 50
전류 52

전자회로 54
조도 센서 71
주 번호 150
직렬연결 52

ㅊ

최대 전류 37

ㅋ

캐소드 52
커널 91
커널 모듈 147
커널 설정 134
커패시터 50
콜백함수 45
클라이언트-서버 75

ㅌ

테스터 40
트랜스듀서 49

ㅍ

파라미터 43
파티션 111
포맷 119
포토 리지스터 71
포토 셀 71
포팅 91

저자약력

손석원 : 호서대학교 교수(sohn@hoseo.edu)

인하대학교에서 공학사, 공학석사, 공학박사를 취득하고 1999년부터 호서대학교 컴퓨터정보공학부 교수로 재직 중이다. 지금까지의 연구 분야는 무선통신 자원관리, 무선 센서를 이용한 구조물 건전성 모니터링 시스템이 있으며, 최근의 관심 연구 분야는 사물 인터넷, 클라우드 컴퓨팅 및 저지연 트레이딩 플랫폼 등이다.

정가 15,000원

임베디드 시스템(비글본 블랙을 만나다)

2019년 2월 18일 초 판 발행
2020년 2월 17일 수정판 발행
저 자 : 손석원
발행자 : 송 준
발행처 : 도서출판 홍릉
주 소 : 서울시 강북구 인수봉로 50길 10
01093
등 록 : 1976년 10월 21일 제5-66호
전 화 : (02) 999-2274~5, 903-7037
팩 스 : (02) 905-6729
e-mail: hongpub@hongpub.co.kr
http://www.hongpub.co.kr
ISBN: 979-11-5600-643-5

저자와의 협의하에 인지생략